入門 ディープ ラーニング

藤野 巌 著

NumPy と Keras を使った
AIプログラミング

Ohmsha

まえがき

なぜ AI の勉強をするのか

　近年，チェスや将棋の世界ではもはや AI（人工知能）が人間より強いのは常識となっています．このため，人間のする仕事の多くが将来，AI にとってかわられるようになるとか，2045 年には AI が人類の知能を超えるシンギュラリティ（特異点，本質が変わるポイント）を迎えるとかいわれています．自動運転技術や画像自動診断技術など，早く普及してほしい AI 技術がある一方で，AI を活用した人事評価システムといった人間の価値を AI が判断するような AI 技術も開発されつつあります．AI に対して空恐ろしさを感じている人もたくさんいます．AI の発展はとどまるところを知りません．したがって，これからの社会を生きる私たちにとって，AI のリテラシー（正しく理解し，活用できる能力）はとても大事なのです．AI の機能や特徴がきちんと理解でき，それを活用できるスキルが必要不可欠なのです．

どのような考えにもとづいて書いたのか

1. **AI における学習のしくみから，きちんと理解してほしい**

   本書では，まず「AI の学習とは何か」「AI は，人間の学習のしくみをどのように，どの程度まねしてつくられたのか」から説明しています．世の中にはなぜか，「AI は人間の脳をまねしてつくられたものだから，AI は人間とまったく同じように学習や思考をする」ようなイメージをもっている人がいます．しかし，これは大きな誤解です．なぜなら，少なくとも現在の AI の学習のしくみは，人間が（まだわからない点が多い）人間の脳のしくみを簡単なモデルにして，それをコンピュータ上で実現する試みの結果にすぎないからです．AI の学習のしくみをきちんと理解することが，AI の特徴と能力を理解するための第一歩となります．

2. **低めのステップを着実に 1 つずつ上っていってほしい**

   本書では，1 つひとつのステップを低くして，学習を少しずつ積み上げる構成を心がけました．こうすることで，1 つずつ着実に理解して，無理なく高い目標まで到達できるようになります．学習アルゴリズムについては，学習のしくみの理解から始め，その基本形となる再帰計算法を説明してから，1 変数の勾配降下法，多変数の勾配降下法と順を追って説明しています．さらに，章を変えて，確率的勾配降下法やミニバッチ勾配降下法などを説明しています．また，学習用システムについても，もっとも簡単な線形結合器からニューラルネットワークへと説明していき，さらに 1 出力 1 層，多出力 1 層，1 出力 2 層，多出力多層と少しずつレベルを上げていきます．最後に，CNN や RNN などのディープラーニング（深層学習）を説明しています．

3.　AI のプログラミングをマスターしてほしい

　　本書では，AI の学習アルゴリズムのプログラミングに特に力を入れています．本に書いてある文章をそのまま書けるだけでは，理解できたとはいえません．理解できたかどうかを確認するには，自分の手でプログラムをつくってみるのが一番です．自分で手を動かしてみて，思ったとおりに実行結果ができないなら，どこか理解できていないことがあるはずです．本書では，新しい理論や学習アルゴリズムを説明するごとに，それをプログラミングする例題を設けています．ソースコードについて，1 行 1 行ていねいに説明してあります．

本書を読むために必要となる前提知識

　　本書のプログラムは Python で書かれています．したがって，Python に関する基本知識が必要となります．これについては，関連の書籍や Web サイトなどをあたっていただくようお願いします．なお，筆者の前著『Python による データマイニングと機械学習』（オーム社）の第 2 章と第 3 章にも簡潔な説明がありますので，よかったらご参照いただければと思います．また，勾配降下法などの学習アルゴリズムの式などで微分やベクトル，行列などを使っています．読者に自ら計算するようなことは求めていませんが，関連の数学の知識があれば，より理解が深まるでしょう．これらについては，微分積分や線形代数の教科書，Web サイトなどを参考にしてください．

謝辞

　　本書の執筆にあたり，多方面から熱心に支えてくださいました，家族のみなさんに感謝の意を表したいと思います．また，本書の原稿を精読していただき，数々のアドバイスをいただきました，東海大学 情報通信学部の大川 猛先生，倉重 宏樹先生に心より感謝いたします．さらに，本書の校正刷をレビューしていただき，細部にわたる的確なご指摘をいただきました，日本アイ・ビー・エム株式会社の梶野 洸様に深く感謝いたします．最後に，本書を出版する機会を与えてくださいました，オーム社 編集局に重ねて御礼申し上げます．

　2022 年 5 月

藤野　巖

目　次

本書ご利用の際の注意事項

　本書で解説している内容を実行・利用したことによる直接あるいは間接的な損害に対して，著作者およびオーム社は一切の責任を負いかねます．利用については利用者個人の責任において行ってください．

　本書に掲載されている情報は，2022年5月時点のものです．将来にわたって保証されるものではありません．実際に利用される時点では変更が必要となる場合がございます．特に，各社が提供しているAPIは仕様やサービス提供に係る変更が頻繁にあり，Pythonのライブラリ群等も頻繁にバージョンアップがなされています．これらによっては本書で解説しているアプリケーション等が動かなくなることもありますので，あらかじめご了承ください．

　本書の発行にあたって，読者の皆様に問題なく実践していただけるよう，できるかぎりの検証をしておりますが，以下の環境以外では構築・動作を確認しておりませんので，あらかじめご了承ください．

PC本体　Windows10 Home 64bit（CPU：Intel(R) Core i7，メモリ：32 GB）
開発環境　Anaconda3 2022.05 (Python 3.9), Keras 2.4.3 (Python 3.8 仮想環境)

また，上記環境を整えたいかなる状況においても動作が保証されるものではありません．ネットワークやメモリの使用状況および同一PC上にあるほかのソフトウェアの動作によって，本書のプログラムが動作できなくなることがあります．併せてご了承ください．

ソースコードのダウンロードサービス

　本書の購入者に対する限定サービスとして，本書に掲載しているソースコードは，以下の手順でオーム社のWebページからダウンロードできます．

1. オーム社のWebページ「https://www.ohmsha.co.jp/」を開きます．
2. 「書籍検索」で『入門 ディープラーニング』を検索します．
3. 本書のページの「ダウンロード」タブを開き，ダウンロードリンクをクリックします．
4. ダウンロードしたファイルを解凍します．

また，著者のGitHubページ「https://github.com/IwaoFujino」から，これらのソースコードに関する情報の更新などが提供されることがあります．併せてご利用ください．

　なお，本書に掲載しているソースコードについては，オープンソースソフトウェアのBSDライセンス下で再利用も再配布も自由です．

本書の構成と読み方

　本書は，次のようなステップ（基本構成）を1つひとつ上っていく形で全体が構成されています．それぞれのステップは，①新たな概念や用語の説明，②ポイント（アルゴリズム）の整理，③例題（設問，ソースコード，ソースコードの解説，実行結果）の説明という流れになっています．

　そして，各章の最後に演習問題を設けています．これらの演習問題は，先に説明した例題の一部を変更したもので，例題のソースコードをもとにすれば簡単に解けるはずです（解答は用意していません）．ぜひ取り組んでみてください．

■重要なポイント

　重要なポイントには，大事な事柄をまとめています．

> ### ポイント X.Y
>
> 　重要なポイントです．

■例題

　例題です．できればぜひ一度自分で考えてみてから説明に進んでください．

例題 X.Y

　例題です．

■ソースコード

　本書にあるすべてプログラムのソースコードは，以下の形式で掲載されています．

ソースコード　source-code-guide.py

```
1  # ソースコードの例
2  import numpy as np
3
4  # 関数定義
5  def testfunc(str0, str1, str2, str3):
6      print(("All␣the␣{0}'s␣{1}␣and␣all␣the␣{0}'s␣{2}␣couldn't␣put␣←
       {3}␣together␣again.").format(str0, str1, str2, str3))
7
```

```
8        return
9
10  # ここから実行
11  flag = np.random.randint(0, 2)
12  if flag == 0:
13      s1 = "king"
14      s2 = " horses "
15      s3 = "men"
16      s4 = "Humpty−Dumpty"
17  else:
18      s1 = " president "
19      s2 = "men"
20      s3 = "women"
21      s4 = " his␣chair "
22  testfunc(s1, s2, s3, s4)
```

- 枠の上にある"source-code-guide.py"は，当該 Python プログラムのファイル名です．ここにあるファイル名を確認して，ダウンロードしたプログラムから当該ソースコードを取り出してください．
- 枠の左にある番号は，行番号です．長い文の場合，途中で折返しになっても，1 行と数えます．
- ␣：print() 中で半角空白文字を表しています．本書で提示した実行結果を出すために，同じように入力する必要があります．
- ←：折返しを表しています．この折返し記号を入力する必要はありません．ここで改行する必要もありません．この折返し記号を省略して，その下の行のテキストを続けて入力してください．
- ほとんどすべてのソースコードは，そのまま実行できる完全なプログラムです．また，部分的なプログラムの場合は，ソースコードにその旨を，明確に記載してあります．

💬 ソースコードの解説

各行ごとによりよくコードを理解できるよう，ていねいな解説を心がけました．

行番号：　ソースコードの解説です．

▶ 実行結果

実際にソースコードを実行した結果です．

```
1  実行結果です
```

第**1**章

AI プログラミングを始めよう

まず，もっとも基本となる「AI とは何か？」および「AI プログラミングとは何か」について簡単に説明します．

また，第 2 章以降の準備として，Python の数値計算ライブラリ NumPy とグラフ作成ライブラリ Matplotlib について，例題を示しながら，基本的な使い方を説明します．

1.1　AI と AI プログラミング

AI は，英語の Artificial Intelligence の略語であり，日本語にすると**人工知能**といいます．簡単に説明すると，「人間によってつくられた人間の頭脳のような能力を備えたコンピュータシステム」のことです．

AI という言葉は，早くも 1950 年代に登場しました．それ以降，1960 年代の第 1 次 AI ブーム，1980 年代の第 2 次 AI ブームに続いて，2000 年代の第 3 次 AI ブームを経て，現在にいたっています．一方，2022 年現在では，人工知能が全体として目指しているゴールまで，まだまだ道のりが長いのですが，個々の部分的分野において，多くの新しい技術が生み出されていて，急速に社会に浸透しています．例えば，音声認識，顔認証，自動翻訳などの技術はすでに実用化されていて，私たちの生活をより便利にしています．

AI はコンピュータシステムですから，AI の各種機能は，基本的にコンピュータ上で動作するソフトウェア，つまりプログラムによってつくられています．したがって，AI の機能そのものをつくり上げたり，AI 技術を利用するアプリケーションを作成したり，AI にかかわるプログラムをつくることを **AI プログラミング**といいます．第 3 次 AI ブーム以来，データの大量取得と保存するための技術の発展とともに，AI を応用するプロジェクト開発が急増しています．そのため，これからの情報技術者にとって，AI プログラミングは欠かせないものとなっています．

AI プログラミングにおいて，もっともよく使われているプログラミング言語は

Python です．Python は，シンプルで学びやすいプログラミング言語です．近年，その豊富なライブラリ[*1]から，世界中で広く使われるようになりました．Python 自体の基本文法について，本書では特に触れませんが，第 2 章以降の AI プログラミングの準備として，Python のプログラムで利用できる数値計算ライブラリ NumPy とグラフ作成ライブラリ Matplotlib について，簡単な例題を示しながら説明します．

1.2　NumPy を使ってみよう

NumPy は，Python のプログラムで利用できる数値演算ライブラリです．NumPy では，配列（数学のベクトルや行列など）を基本演算対象としているので，NumPy の関数を呼び出すことによって，Python の標準言語仕様のプログラムよりも短いコードで，高精度に演算処理を行うことが可能になります．

例題 1.1

Python の数値計算ライブラリ NumPy を用いて，以下の仕様要求を実現するプロクラムを作成しなさい．

1. 0 から 10 まで，間隔 1 で整数型の等間隔数値列を生成して，それを表示する．
2. 0 から 1 まで，間隔 0.1 で実数型の等間隔数値列を生成して，それを表示する．

ソースコード 1.1　ch1ex1.py

```
1  # NumPyの基本：等間隔の数値列
2  import numpy as np
3
4  # 整数の場合
5  a1 = np.arange(0, 11, 1)
6  print("a1=", a1)
7  # 実数の場合
8  a2 = np.arange(0, 1.1, 0.1)
9  print("a2=", a2)
```

[*1] 多くの人々が利用するような共通の機能，あるいは特定の分野でよく使われる機能のプログラムをまとめたものを，**ライブラリ**と呼びます．ライブラリにあるプログラムは，ユーザが作成したプログラムから呼び出して利用することができます．

💬 **ソースコードの解説**

2: numpy を読み込んで，np とします．

5: arange() 関数を用いて，等間隔数列を生成して，配列 a1 に代入します．ここでは，引数として始点=0, 終点=11, 間隔=1 のように指定します．生成された数値列には，終点が含まれないことを注意してください．

6: 配列 a1 を表示します．

8: arange() 関数を用いて，等間隔数列を生成して，配列 a2 に代入します．ここでは，引数として始点=0, 終点=1.1, 間隔=0.1 のように指定します．生成された数値列には，終点が含まれないことを注意してください．

9: 配列 a2 を表示します．

▶ **実行結果**

```
1  a1= [ 0  1  2  3  4  5  6  7  8  9 10]
2  a2= [0.  0.1 0.2 0.3 0.4 0.5 0.6 0.7 0.8 0.9 1. ]
```

例題 1.2

Python の数値計算ライブラリ NumPy を用いて，以下の仕様要求を実現するプログラムを作成しなさい．

1. 一様分布の乱数を，5 要素の 1 次元配列で生成して，それを表示する．
2. 1 から 100 までの範囲で整数型の乱数を，3 行 3 列の 2 次元配列で生成して，それを表示する．

ソースコード 1.2　ch1ex2.py

```python
1   # NumPyの基本：乱数生成
2   import numpy as np
3
4   # 0〜1の一様分布の乱数
5   a1 = np.random.rand(5)
6   print("a1=")
7   print(a1)
8   # 整数型の一様分布の乱数
9   a2 = np.random.randint(1, 101, (3, 3))
10  print("a2=")
11  print(a2)
```

💬 **ソースコードの解説**

2:　numpy を読み込んで, np とします.

5:　一様分布の乱数を, 5 要素の 1 次元配列で生成して, 配列 a1 に代入します.

6～7:　配列 a1 を表示します.

9:　1 から 100 までの範囲で整数型の一様乱数を, 3 行 3 列の 2 次元配列で生成して, 配列 a2 に代入します.

10～11:　配列 a2 を表示します.

▶ **実行結果**

```
1  a1=
2  [0.83397274 0.7695866  0.64313441 0.00215162 0.38038809]
3  a2=
4  [[98 53 45]
5   [37 13 53]
6   [59 69 89]]
```

例題 1.3

> Python の数値計算ライブラリ NumPy を用いて, 以下の仕様要求を実現するプログラムを作成しなさい.
>
> 1. 3 行 4 列の 2 次元 0 値配列 (すべての要素 = 0) を生成して, それを表示する.
>
> 2. 3 行 4 列の 2 次元 1 値配列 (すべての要素 = 1) を生成して, それを表示する.
>
> 3. 3 行 3 列の単位行列 (左上から右下の対角線上の要素 = 1, それ以外の要素 = 0) を生成して, それを表示する.

ソースコード 1.3　ch1ex3.py

```
1  # NumPyの基本：0値配列，1値配列と単位行列の生成
2  import numpy as np
3
4  # 2次元0値配列
5  a1 = np.zeros((3, 4))
6  print("2次元の0値配列：")
7  print(a1)
8  # 2次元1値配列
9  a2 = np.ones((3, 4))
10 print("2次元の1値配列：")
```

```
11  print(a2)
12  # 単位行列
13  a3 = np.eye(3)
14  print("単位行列：")
15  print(a3)
```

💬 **ソースコードの解説**

2: numpy を読み込んで，np とします.

5: zeros() 関数を呼び出して，3 行 4 列の 2 次元 0 値配列を生成して，配列 a1 に代入します.

6〜7: 配列 a1 を表示します.

9: ones() 関数を呼び出して，3 行 4 列の 2 次元 1 値配列を生成して，配列 a2 に代入します.

10〜11: 配列 a2 を表示します.

13: eye() 関数を呼び出して，3 行 3 列の単位行列を生成して，配列 a3 に代入します.

14〜15: 配列 a3 を表示します.

▶ **実行結果**

```
1   2次元の0値配列：
2   [[0. 0. 0. 0.]
3    [0. 0. 0. 0.]
4    [0. 0. 0. 0.]]
5   2次元の1値配列：
6   [[1. 1. 1. 1.]
7    [1. 1. 1. 1.]
8    [1. 1. 1. 1.]]
9   単位行列：
10  [[1. 0. 0.]
11   [0. 1. 0.]
12   [0. 0. 1.]]
```

例題 1.4

Python の数値計算ライブラリ NumPy を用いて，以下の仕様要求を実現するプログラムを作成しなさい.

1. 3 行 3 列の 2 次元配列 a1 を生成して，それを表示する.
2. 3 行 3 列の 2 次元配列 a2 を生成して，それを表示する.
3. a1 と a2 を縦に結合して a3 に代入して，それを表示する.
4. a1 と a2 を横に結合して a4 に代入して，それを表示する.

ただし，2 次元配列 a1 と a2 の値は任意とする．

ソースコード 1.4　ch1ex4.py

```python
1  # NumPyの基本：行列の結合
2  import numpy as np
3
4  a1 = np.array([[1, 1, 1],
5      [1, 1, 1],
6      [1, 1, 1]])
7  print("a1=")
8  print(a1)
9  a2 = np.array([[2, 2, 2],
10     [2, 2, 2],
11     [2, 2, 2]])
12 print("a2=")
13 print(a2)
14 a3 = np.concatenate([a1, a2], axis=0)
15 print("a1とa2を縦に結合した結果：")
16 print(a3)
17 a4 = np.concatenate([a1, a2], axis=1)
18 print("a1とa2を横に結合した結果：")
19 print(a4)
```

💬 ソースコードの解説

2:　numpy を読み込んで，np とします．

4〜8:　array() 関数を用いて，2 次元配列を生成して，a1 に代入します．そして a1 を表示します．

9〜13:　array() 関数を用いて，2 次元配列を生成して，a2 に代入します．そして a2 を表示します．

14:　concatenate() 関数を用いて，2 次元配列 a1 と a2 を縦に結合して，a3 に代入します．ここでは，axis=0 によって縦に結合することを指定します．

15〜16:　配列 a3 を表示します．

17:　concatenate() 関数を用いて，2 次元配列 a1 と a2 を横に結合して，a4 に代入します．ここでは，axis=1 によって横に結合することを指定します．

18〜19:　配列 a4 を表示します．

▶ **実行結果**

```
 1   a1=
 2   [[1 1 1]
 3    [1 1 1]
 4    [1 1 1]]
 5   a2=
 6   [[2 2 2]
 7    [2 2 2]
 8    [2 2 2]]
 9   a1とa2を縦に結合した結果：
10   [[1 1 1]
11    [1 1 1]
12    [1 1 1]
13    [2 2 2]
14    [2 2 2]
15    [2 2 2]]
16   a1とa2を横に結合した結果：
17   [[1 1 1 2 2 2]
18    [1 1 1 2 2 2]
19    [1 1 1 2 2 2]]
```

例題 1.5

Python の数値計算ライブラリ NumPy を用いて，以下の仕様要求を実現するプログラムを作成しなさい．

1. 3 行 3 列の 2 次元配列 a1 を生成して，それを表示する．
2. 3 行 3 列の 2 次元配列 a2 を生成して，それを表示する．
3. a1 と a2 との要素の和を a3 に代入して，それを表示する．

ただし，2 次元配列 a1 と a2 の値は任意とする．

ソースコード 1.5　ch1ex5.py

```python
 1   # NumPyの基本：行列の要素の演算（加算を例として）
 2   import numpy as np
 3
 4   a1 = np.array([[1, 1, 1],
 5       [1, 1, 1],
 6       [1, 1, 1]])
 7   print("a1=")
 8   print(a1)
 9   a2 = np.array([[2, 2, 2],
10       [2, 2, 2],
11       [2, 2, 2]])
12   print("a2=")
```

```
13   print(a2)
14   a3 = a1 + a2
15   print("行列の要素の和a1+a2=")
16   print(a3)
```

💬 **ソースコードの解説**

2:　numpy を読み込んで，np とします．

4〜8:　array() 関数を用いて，2 次元配列を生成して，a1 に代入します．そして a1 を表示します．

9〜13:　array() 関数を用いて，2 次元配列を生成して，a2 に代入します．そして a2 を表示します．

14:　2 次元配列 a1 と a2 の要素の加算を行い，その結果を a3 に代入します．

15〜16:　配列 a3 を表示します．

▶ **実行結果**

```
1    a1=
2    [[1 1 1]
3     [1 1 1]
4     [1 1 1]]
5    a2=
6    [[2 2 2]
7     [2 2 2]
8     [2 2 2]]
9    行列の要素の和a1+a2=
10   [[3 3 3]
11    [3 3 3]
12    [3 3 3]]
```

例題 1.6

Python の数値計算ライブラリ NumPy を用いて，以下の仕様要求を実現するプログラムを作成しなさい．

1. 3 要素の 1 次元配列 v1 を生成して，それを表示する．
2. 3 要素の 1 次元配列 v2 を生成して，それを表示する．
3. v1 と v2 との内積を v3 に代入して，それを表示する．
4. 3 行 3 列の 2 次元配列 a1 を生成して，それを表示する．
5. 3 行 3 列の 2 次元配列 a2 を生成して，それを表示する．
6. a1 と a2 との行列の積を a3 に代入して，それを表示する．

ただし，1 次元配列 v1 と v2，および 2 次元配列 a1 と a2 の値は任意とする．

ソースコード 1.6　　ch1ex6.py

```
 1  # NumPyの基本：ベクトルの内積と行列の積を求めるdot()関数
 2  import numpy as np
 3
 4  # ベクトルの内積
 5  v1 = np.array([1, 2, 3])
 6  print("v1=", v1)
 7  v2 = np.array([1, 2, 3])
 8  print("v2=", v2)
 9  v3 = np.dot(v1, v2)
10  print("v1とv2の内積=", v3)
11
12  # 行列の積
13  a1 = np.array([[1, 1, 1],
14      [1, 1, 1],
15      [1, 1, 1]])
16  print("a1=")
17  print(a1)
18  a2 = np.array([[2, 2, 2],
19      [2, 2, 2],
20      [2, 2, 2]])
21  print("a2=")
22  print(a2)
23  a3 = np.dot(a1, a2)
24  print("a1とa2の行列の積=")
25  print(a3)
```

💬 ソースコードの解説

2:　numpy を読み込んで，np とします．

5〜6:　array() 関数を用いて，1 次元配列（ベクトル）を生成して，v1 に代入します．そして v1 を表示します．

7〜8:　array() 関数を用いて，1 次元配列（ベクトル）を生成して，v2 に代入します．そして v2 を表示します．

9〜10:　dot() 関数を用いて，ベクトル v1 と v2 の内積を計算して，その結果を v3 に代入します．そして v3 を表示します．

13〜17:　array() 関数を用いて，2 次元配列を生成して，a1 に代入します．そして a1 を表示します．

18〜22:　array() 関数を用いて，2 次元配列を生成して，a2 に代入します．そして a2 を表示します．

23〜25:　2 次元配列 a1 と a2 の行列の積を計算して，その結果を a3 に代入します．そして a3 を表示します．

▶ **実行結果**

```
1   v1= [1 2 3]
2   v2= [1 2 3]
3   v1とv2の内積= 14
4   a1=
5   [[1 1 1]
6    [1 1 1]
7    [1 1 1]]
8   a2=
9   [[2 2 2]
10   [2 2 2]
11   [2 2 2]]
12  a1とa2の行列の積=
13  [[6 6 6]
14   [6 6 6]
15   [6 6 6]]
```

例題 1.7

Python の数値計算ライブラリ NumPy を用いて，以下の仕様要求を実現するプログラムを作成しなさい．

1. 3 要素の 1 次元配列 h を生成して，それを表示する．
2. 3 行 3 列の 2 次元配列 xx を生成して，それを表示する．
3. xx の転置[*2]を計算して，それを表示します．
4. h と，xx の転置との行列の積を y に代入して，それを表示する．

ただし，1 次元配列 h および 2 次元配列 xx の値は任意とする．

ソースコード 1.7　ch1ex7.py

```python
1   # NumPyの基本：行列の転置，ベクトルと転置行列の積
2   import numpy as np
3
4   # ベクトル
5   h = np.array([1, 2, 3])
6   print("h=", h)
7   # 行列
8   xx = np.array([[1, 1, 1],
9       [2, 2, 2],
10      [3, 3, 3]])
11  print("xx=")
```

[*2] 行列の行と列を入れかえる操作を，**転置**といいます．

```
12  print(xx)
13  # 行列の転置
14  print("xxの転置=")
15  print(xx.T)
16  # ベクトルと転置行列の積
17  y = np.dot(h, xx.T)
18  print("hとxxの転置行列の積=")
19  print(y)
```

💬 ソースコードの解説

2: numpy を読み込んで，np とします．

5〜6: array() 関数を用いて，1 次元配列（ベクトル）を生成して，h に代入します．そして h を表示します．

8〜12: array() 関数を用いて，2 次元配列を生成して，xx に代入します．そして xx を表示します．

14〜15: xx の転置を求めて，表示します．

17〜19: h と，xx の転置との行列の積を計算して，その結果を y に代入します．そして y を表示します．

▶ 実行結果

```
1   h= [1 2 3]
2   xx=
3   [[1 1 1]
4    [2 2 2]
5    [3 3 3]]
6   xxの転置=
7   [[1 2 3]
8    [1 2 3]
9    [1 2 3]]
10  hとxxの転置行列の積=
11  [ 6 12 18]
```

例題 1.8

Python の数値計算ライブラリ NumPy を用いて，以下の仕様要求を実現するプログラムを作成しなさい．

1. 3 行 3 列の 2 次元配列 a1 に値を与えて表示する．
2. 配列 a1 の指数関数 exp(−a1) を計算して，a2 に代入する．
3. 配列 a2 を表示する．

ただし，2 次元配列 a1 の値は任意とする．

ソースコード 1.8　ch1ex8.py

```
1   # NumPyの基本：行列の指数関数
2   import numpy as np
3
4   # 行列の用意
5   a1 = np.array([[1, 1, 1],
6       [2, 2, 2],
7       [3, 3, 3]])
8   print("a1=")
9   print(a1)
10  # 指数関数
11  a2 = np.exp(-a1)
12  print("指数関数exp(-a1)=")
13  print(a2)
```

💬 ソースコードの解説

2:　numpy を読み込んで，np とします．

5〜9:　array() 関数を用いて，2 次元配列を生成して，a1 に代入します．そして a1 を表示します．

11:　配列 a1 の指数関数 exp(-a1) を計算して，a2 に代入します．（NumPy では，配列に対する指数関数をそのまま記述することができます．計算結果として，要素ごとの指数関数の値が戻されます．）

12〜13:　配列 a2 を表示します．

▶ 実行結果

```
1   a1=
2   [[1 1 1]
3    [2 2 2]
4    [3 3 3]]
5   指数関数exp(-a1)=
6   [[0.36787944 0.36787944 0.36787944]
7    [0.13533528 0.13533528 0.13533528]
8    [0.04978707 0.04978707 0.04978707]]
```

例題 1.9

Python の数値計算ライブラリ NumPy を用いて，以下の仕様要求を実現するプログラムを作成しなさい．

1. 3 行 3 列の 2 次元配列 a1 に値を与えて，それを表示する．
2. 配列 a1 の絶対値を計算して，a2 に代入する．それを表示する．
3. 配列 a1 の最大値を計算して，a3 に代入する．それを表示する．
4. 配列 a1 の絶対値の最大値を計算して，a4 に代入する．それを表示する．

ただし，2 次元配列 a1 の値は任意とする．

ソースコード 1.9　ch1ex9.py

```python
 1  # NumPyの基本：行列の絶対値，最大値
 2  import numpy as np
 3
 4  # 行列の用意
 5  a1 = np.array([[-4, 1, 1],
 6      [2, 2, 2],
 7      [3, 3, 3]])
 8  print("a1=")
 9  print(a1)
10  # 絶対値
11  a2 = np.abs(a1)
12  print("a1の絶対値=")
13  print(a2)
14  # 最大値
15  a3 = np.amax(a1)
16  print("a1の最大値=", a3)
17  # 絶対値の最大値
18  a4 = np.amax(np.abs(a1))
19  print("a1の絶対値の最大値=", a4)
```

💬 ソースコードの解説

2:　numpy を読み込んで，np とします．

5〜9:　array() 関数を用いて，2 次元配列を生成して，a1 に代入します．そして a1 を表示します．

11:　配列 a1 の絶対値を計算して，a2 に代入します．

12〜13:　a2 を表示します．

15:　配列 a1 の最大値を計算して，a3 に代入します．

16:　a3 を表示します．

18:   配列 a1 の絶対値の最大値を計算して，a4 に代入します．

19:   a4 を表示します．

▶ **実行結果**

```
1   a1=
2   [[-4  1  1]
3    [ 2  2  2]
4    [ 3  3  3]]
5   a1の絶対値=
6   [[4 1 1]
7    [2 2 2]
8    [3 3 3]]
9   a1の最大値= 3
10  a1の絶対値の最大値= 4
```

例題 1.10

Python の数値計算ライブラリ NumPy を用いて，以下の仕様要求を実現するプログラムを作成しなさい．

1. 1 から 60 までの整数を 1 次元配列 a1 に値を与えて，それを表示する．
2. 配列 a1 を 6 行 10 列の 2 次元行列に形を変えて，a2 に代入する．それを表示する．
3. 配列 a1 を n 層 3 行 5 列の 3 次元行列に形を変えて，a3 に代入する．それを表示する．

ただし，n は，与えられた行数, 列数に合わせて自動的に計算されるものとする．

ソースコード 1.10　ch1ex10.py

```python
1   # NumPyの基本：配列の形を変える.
2   import numpy as np
3
4   # 1行に表示する文字数を設定
5   np.set_printoptions(linewidth=70)
6   # 行列の用意
7   print("行列を用意する.")
8   a1 = np.arange(1, 61, 1)
9   print("a1=")
10  print(a1)
11  # 2次元配列に形を変える.
12  print("a1を2次元配列に形を変え る. ")
13  a2 = a1.reshape([6,10])
```

```
14  print("a2=")
15  print(a2)
16  # 2次元配列に形を変える.
17  print("a1を3次元配列に形を変える. ")
18  a3 = a1.reshape([-1, 3, 5])
19  print("a3=")
20  print(a3)
```

💬 **ソースコードの解説**

2: numpy を読み込んで, np とします.

5: ターミナルの1行に表示できる文字数を 70 に設定する.

7〜8: arange() 関数を用いて, 1次元配列を生成して, a1 に代入します.

9〜10: 配列 a1 を表示します.

12〜13: reshape 関数を用いて, 配列 a1 を 6 行 10 列の 2 次元行列に形を変えて, a2 に代入します.

14〜15: 配列 a2 を表示します.

17〜18: reshape() 関数を用いて, 配列 a1 を -1 層 3 行 5 列の 3 次元行列に形を変えて, a3 に代入します. -1 は, (層数)$= \dfrac{60}{3 \times 5}$ の計算で, 自動的に決めてよいという意味です.

19〜20: 配列 a3 を表示します.

▶ **実行結果**

```
 1  行列を用意する.
 2  a1=
 3  [ 1  2  3  4  5  6  7  8  9 10 11 12 13 14 15 16 17 18 19 20 21 22 23
 4   24 25 26 27 28 29 30 31 32 33 34 35 36 37 38 39 40 41 42 43 44 45 46
 5   47 48 49 50 51 52 53 54 55 56 57 58 59 60]
 6  a1を2次元配列に形を変える.
 7  a2=
 8  [[ 1  2  3  4  5  6  7  8  9 10]
 9   [11 12 13 14 15 16 17 18 19 20]
10   [21 22 23 24 25 26 27 28 29 30]
11   [31 32 33 34 35 36 37 38 39 40]
12   [41 42 43 44 45 46 47 48 49 50]
13   [51 52 53 54 55 56 57 58 59 60]]
14  a1を3次元配列に形を変える.
15  a3=
16  [[[ 1  2  3  4  5]
17    [ 6  7  8  9 10]
18    [11 12 13 14 15]]
19
20   [[16 17 18 19 20]
21    [21 22 23 24 25]
22    [26 27 28 29 30]]
```

```
23
24    [[31 32 33 34 35]
25     [36 37 38 39 40]
26     [41 42 43 44 45]]
27
28    [[46 47 48 49 50]
29     [51 52 53 54 55]
30     [56 57 58 59 60]]]
```

1.3　Matplotlib を使ってみよう

Matplotlib は，Python のプログラムで利用できるグラフ作成ライブラリです．Matplotlib を呼び出すことによって，数値計算の結果をグラフに表示したりなど，データを視覚的に表現することが容易になります．Matplotlib を使うと，数値データから散布図，折れ線グラフ，3 次元グラフなどを作成して，表題や軸ラベル，凡例などを簡単に設定できます．さらに，グラフやテキストの位置を調整したり，複数のグラフを全体的に 1 枚のグラフにまとめたりすることもできます．

例題 1.11

Python の数値計算ライブラリ NumPy とグラフ作成ライブラリ Matplotlib を用いて，以下の仕様要求を実現するプロクラムを作成しなさい．

1. -5 から 5 までの整数の配列 x を作成する．
2. $y = x^2$ により配列 y を作成する．
3. データ（x, y）の散布図を作成する．
4. 各データ点の横に，データの値を表示する．
5. グラフの表題，ラベルを作成する．
6. 作成したグラフを PNG 形式でファイルに保存する．
7. 作成したグラフを画面に表示する．

ソースコード 1.11　ch1ex11.py

```python
1  # Matplotlibの基本：散布図とデータの値の表示
2  import numpy as np
3  import matplotlib.pyplot as plt
4
5  # データを用意
6  nn=5
7  x = np.arange(-nn, nn+1, 1)
8  y = x**2
```

```
9  # 散布図を作成
10 plt.figure(figsize=(10, 6))
11 plt.scatter(x, y, c="red")
12 for data in zip(x,y):
13     plt.annotate(str(data), data)
14 plt.title("Scatter␣Plot", fontsize=20)
15 plt.xlabel("x", fontsize=16)
16 plt.ylabel("y", fontsize=16)
17 plt.savefig("ch1ex11fig1.png")
18 plt.show()
```

💬 ソースコードの解説

2: numpy を読み込んで，np とします．

3: matplotlib のクラス pyplot を読み込んで，plt とします．

6〜7: arange() 関数を用いて，配列 x = $[-5, -4, \ldots, 4, 5]$ を作成します．arange() 関数の場合には，終点の値が含まれないので，ここでは，終点を nn + 1 に設定します．

8: $y = x^2$ により配列 y を作成します．

10: 横サイズ 10，縦サイズ 6 のグラフを作成します．

11: グラフに配列 x と配列 y を引数として，scatter() 関数を呼び出して，散布図を作成します．

12〜13: annotate() 関数を呼び出して，グラフにある各点の横に，データの値を表示します．

14: グラフに表題をつけます．

15: グラフの x 軸のラベルを x とします．

16: グラフの y 軸のラベルを y とします．

17: これまでに作成したグラフを PNG 形式でファイルに保存します．

18: これまでに作成したグラフを画面に表示します．

▶ 実行結果

図 1.1 に示すグラフが PNG 形式でファイルに保存され，PC の画面にも表示されます．

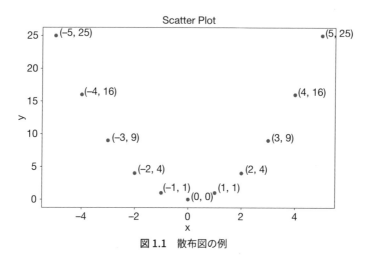

図 1.1　散布図の例

例題 1.12

Python の数値計算ライブラリ NumPy とグラフ作成ライブラリ Matplotlib を
用いて，以下の仕様要求を実現するプロクラムを作成しなさい．

1. 1 から 8 までの整数の配列 x を作成する．
2. 最高気温の配列 y1 を作成する．
3. 最適気温の配列 y2 を作成する．
4. データ（x, y1）と (x, y2) の折れ線グラフを作成する．
5. グラフの表題，ラベル，凡例，目盛りを作成する．
6. 作成したグラフを PNG 形式でファイルに保存する．

ソースコード 1.12　ch1ex12.py

```
1   # Matplotlibの基本：折れ線グラフを作成
2   import numpy as np
3   import matplotlib.pyplot as plt
4
5   # データを用意
6   nn=8
7   x = np.arange(1, nn+1, 1)
8   y1 = np.array([20, 24, 25, 23, 25, 25, 22, 23])
9   y2 = np.array([10, 14, 15, 15, 15, 16, 13, 14])
10  # 折れ線グラフを作成
11  plt.figure(figsize=(10, 6))
```

```
12  plt.plot(x, y1, color="red", linestyle=" solid ", label="High")
13  plt.plot(x, y2, color="blue", linestyle="dashed", label="Low")
14  plt.title("Line␣Plot", fontsize=20)
15  plt.xlabel("Day", fontsize=16)
16  plt.ylabel("Temperature", fontsize=16)
17  plt.legend()
18  plt.grid(color="red", linestyle=" dotted ")
19  plt.savefig("ch1ex12 fig 1.png")
```

💬 ソースコードの解説

2: numpy を読み込んで，np とします.

3: matplotlib のクラス pyplot を読み込んで，plt とします.

6〜7: arange() 関数を用いて，配列 x = [1, 2, . . . , 7, 8] を作成します．arange() 関数の場合には，終点の値が含まれないので，ここでは，終点を nn + 1 に設定します.

8: 最高気温のデータを配列 y1 に代入します.

9: 最低気温のデータを配列 y2 に代入します.

11: 横サイズ 10，縦サイズ 6 のグラフを作成します.

12: 配列 x と配列 y1 を引数として，plot() 関数を呼び出して折れ線グラフを作成します．色は赤，線種は実線とします.

13: 配列 x と配列 y2 を引数として，plot() 関数を呼び出して折れ線グラフを作成します．色は青，線種は破線とします.

14: グラフに表題をつけます.

15: グラフの x 軸のラベルを Day とします.

16: グラフの y 軸のラベルを Temperature とします.

17: 凡例を表示します.

18: 目盛りを表示します．色は赤，線種は点線とします.

19: これまでに作成したグラフを PNG 形式でファイルに保存します.

▶ 実行結果

図 1.2 に示すグラフが PNG 形式でファイルに保存されます.

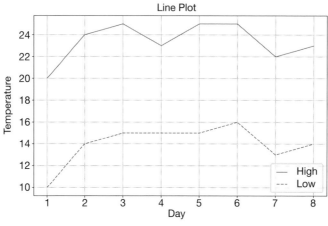

図 1.2 折れ線グラフの例

例題 1.13

Python の数値計算ライブラリ NumPy とグラフ作成ライブラリ Matplotlib を用いて，以下の仕様要求を実現するプログラムを作成しなさい．

1. 正弦波と方形波（0 と 1 の 2 つの値を周期的にとる波）のデータを用意する．
2. 1 つの図に，正弦波のグラフを上に，方形波のグラフを下に配置する．それぞれのグラフの表題，ラベル，凡例，目盛りもつける．
3. グラフ全体に表題をつける．
4. 作成したグラフを PNG 形式でファイルに保存する．

ソースコード 1.13　ch1ex13.py

```python
1  # Matplotlibの基本：1枚の図に複数のグラフを配置
2  import numpy as np
3  import matplotlib.pyplot as plt
4
5  # データを用意
6  kk = 1000
7  time = np.arange(kk)
8  # 正弦波
9  sine = np.sin(time/100.0 * np.pi)
10 # 方形波
11 square = np.empty(kk)
```

```
12  tnum = np.arange(10)
13  for t in tnum:
14      square[t*100:(t+1)*100] = ←
            np.where(time[t*100:(t+1)*100]<t*100+100/2, 1, 0)
15  # グラフを作成
16  plt.figure(figsize=(10, 6))
17  plt.suptitle("Two Plots in One Figure", fontsize=20)
18  plt.subplot(211)
19  plt.plot(time, sine)
20  plt.title('sine wave', fontsize=16)
21  plt.xlabel('time')
22  plt.ylabel('sine')
23  plt.grid(color="red", linestyle="dotted")
24  plt.subplot(212)
25  plt.plot(time, square)
26  plt.title('square wave', fontsize=16)
27  plt.xlabel('time')
28  plt.ylabel('square')
29  plt.grid(color="red", linestyle="dotted")
30  plt.subplots_adjust(hspace=0.5)
31  plt.savefig("ch1ex13fig1.png")
```

💬 **ソースコードの解説**

2: numpy を読み込んで，np とします．

3: matplotlib のクラス pyplot を読み込んで，plt とします．

6〜7: arange() 関数を用いて，配列 time $= [0, 1, \cdots, 999]$ を作成します．

9: 正弦波のデータ配列 sine を作成します．

11〜14: 方形波のデータ配列 square を作成します．

16: 横サイズ 10，縦サイズ 6 のグラフを作成します．

17: グラフ全体に表題をつけます．

18: 正弦波のグラフのサブグラフを作成します．引数の 211 は，2 行 1 列に図のスペースを分割したときの，1 つ目のスペースを表しています．

19: 配列 time と配列 sine を引数として，plot() 関数を呼び出して折れ線グラフを作成します．

20: 正弦波のグラフに表題をつけます．

21: 正弦波のグラフの x 軸のラベルを time とします．

22: 正弦波のグラフの y 軸のラベルを sine とします．

23: 目盛りを表示します．色は赤，線種は点線とします．

24: 方形波のグラフのサブグラフを作成します．引数の 212 は，2 行 1 列に図のスペースを分割したときの，2 つ目のスペースを表しています．

25: 配列 time と配列 square を引数として，plot() 関数を呼び出して折れ線グラフを作成

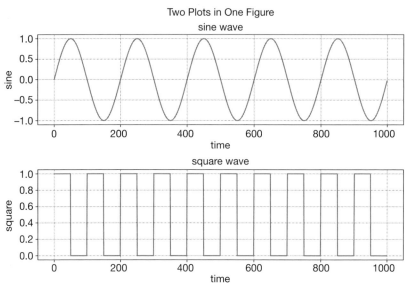

図1.3 1 つの図で，上下に 2 つのグラフを並べる

します.

26: 　方形波のグラフに表題をつけます.

27: 　方形波のグラフの x 軸のラベルを time とします.

28: 　方形波のグラフの y 軸のラベルを square とします.

29: 　目盛りを表示します. 色は赤，線種は点線とします.

30: 　サブグラフの領域の位置を調整します.

31: 　これまでに作成したグラフを PNG 形式でファイルに保存します.

▶ **実行結果**

図 1.3 に示すグラフが PNG 形式でファイルに保存されます. なお，例題 1.11 と同じく，このプログラムでも，plot() 関数を使って折れ線グラフを描きましたが，x 軸を 1000 点で細かく分割しましたので，でき上がったグラフは，なめらかな曲線グラフに見えます.

演 習 問 題

問題 1.1 Python の数値計算ライブラリ NumPy を用いて，以下のような仕様要求を実現するプログラムを作成しなさい．

1. 2 次元配列 a を作成して，それを表示する．
2. 2 次元配列 b を作成して，それを表示する．
3. 配列 a と b の要素の積 c を計算して，その結果を表示する．
4. 配列 a と b の行列の積 d を計算して，その結果を表示する．

ただし，2 次元配列 a と b の値は任意とする．

問題 1.2 Python の数値計算ライブラリ NumPy とグラフ作成ライブラリ Matplotlib を用いて，以下のような仕様要求を実現するプログラムを作成しなさい．

1. 1 から 100 までの乱数を 20 個作成して，1 次元配列 x に代入する．
2. 1 から 100 までの乱数を 20 個作成して，1 次元配列 y に代入する．
3. 配列 x と配列 y の散布図を作成する．ただし，色は青とする．
4. 各データ点の横に，データの値 (x, y) を表示する．
5. グラフに表題（英字）をつける．
6. x 軸のラベルを x とする．
7. y 軸のラベルを y とする．
8. 作成したグラフを PNG 形式でファイルに保存する．
9. 作成したグラフを画面に表示する．

問題 1.3 Python の数値計算ライブラリ NumPy とグラフ作成ライブラリ Matplotlib を用いて，以下の仕様要求を実現するプログラムを作成しなさい．

1. -2 から 2 まで 0.1 間隔で配列 x を作成する．
2. $y_1 = \sin(2\pi x)$ により配列 y1 を作成する．
3. $y_2 = \cos(2\pi x)$ により配列 y2 を作成する．
4. 配列 (x, y1) の折れ線グラフを作成する．色は赤，線種は実線，ラベルは sin(x) とする．
5. 配列 (x, y2) の折れ線グラフを作成する．色は青，線種は破線，ラベルは cos(x) とする．
6. グラフに表題（英字）をつける．
7. x 軸のラベルを x とする．
8. y 軸のラベルを y とする．

9. 凡例を表示する.
10. 作成したグラフを PNG 形式でファイルに保存する.
11. 作成したグラフを画面に表示する.

第 **2** 章

AI の学習の基本的な考え方

　本章では，AI が学習する基本的な考え方と，それを実現する基本アルゴリズムについて説明します．このために，まずみなさんに小学生のころの勉強方法を思い出してもらい，「AI が学習する」という意味を理解してもらいます．そして，再帰計算法やニュートン法による数値計算例を解説して，AI の学習の基本アルゴリズムを示します．

　続いて，やさしい事例を用いて，AI の学習においてもっともよく使用されている勾配降下法の基本的な考え方を説明して，そのプログラムを示します．

　最後に，勾配降下法をより一般的な多変数関数まで拡張して，それを実現するプログラムを作成します．

2.1　AI はどうやって学習するのか

　前章で述べたように，AI とは，「人間によってつくられた人間の頭脳とほぼ同じ能力を備えたコンピュータシステム」のことです．では，AI は，人間の頭脳のような能力を身につけているのでしょうか．人間の頭脳がほかの生物のそれよりもっとも優れている特長の 1 つが学習能力の高さです．しかしながら，すでに AI は学習能力に関しては人間に優るとも劣らないレベルに到達しています．これは，**ニューラルネットワーク**（Neural Network; NN）と呼ばれる技術を，**ディープラーニング**（Deep Learning; DL, **深層学習**）と呼ばれる技術まで発展させていくことで実現できるようになります．詳しくは順を追って説明していきます．

　しかし，その前に，そもそも「AI が学習する」とは，具体的に AI がどのようなことができることをいっているのでしょうか．いいかえれば，AI は，いったい誰から，何をどうやって学習し，その結果，何ができるようになるのでしょうか．本書では，小さな疑問もなるべく省略せずに，一歩ずつステップアップしながら説明していく方針ですので，ここでは，AI がどのようにして人間の頭脳をまねしているのか，AI の学習機能を実現するための基本原理について説明していきたいと思います．

　さて，人間がどのように学習するかについて考えてみましょう．自分の小学生のころの勉強のしかたを思い出してください．小学 1 年生で習う漢字は 80 個ありますが，小学 1 年生のとき，この 80 個の漢字を漢字学習帳に 1 つひとつ繰り返し書くという宿題が出されていたのではないでしょうか．そして，学校にもっていって，先生に丸や（まちがえた場合）コメントをつけて返してもらっていたのではないでしょうか．

　このような小学生の学習経験から，学習過程における大きな 2 つの特徴がみえてきます．1 つは，繰返しです．いまの例でいうと，同じ漢字を繰り返し書いているうちに，まちがいが少なくなっていき，やがて完全に正しい漢字が書けるようになっています．

　もう 1 つは，先生がいることです．先生が生徒（児童）が書いた漢字を正しい漢字（正解）と比較して，合っているのか，まちがっているのか，まちがえている場合はどこがまちがえているのかを教えています．

　つまり，学習とは，①まずやってみる，②先生に合っているかどうか，（まちがえている場合）どこがまちがえているかを指摘してもらうという繰返しによって成立しています．そして，まちがえているところがなくなれば，学習の終了となります．

　このような学習過程が成立するには，暗黙に 1 つの前提条件があります．それは，生徒には記憶力があることです．記憶力とは，過去のことを忘れずに覚えておく能力です．記憶力があるからこそ，繰り返していくうちに，より正解に近づくことができます．そして，正解になって繰返しから抜け出すことができます．逆に，生徒に記憶力がなければ，いくら繰り返しても，正解に近づくことができません．すなわち，学習の繰返しから抜け出すことができません．

2.2　再帰計算法を理解しよう

　小学校の算数の勉強では，$2 + 3 = \square$ や $5 + 2 \times 3 = \square$ のような問題を手計算で解きます．もちろん，コンピュータを使って，$a = 2 + 3$ や $b = 5 + 2 \times 3$ のようにプログラムを書いても，答えを出すことができます．一方，コンピュータのプログラムを使って計算を行うときには，手計算よりもいろいろな効率的な計算手法があります．そのもっとも大きな特徴が**再帰計算法**（recursive calculation）と呼ばれる方法です．この用語自体ははじめて聞いたかもしれませんが，知らないうちにプログラミングでいつも使っていると思います．AI の学習機能の実現手法（学習アルゴリズム）を理解するために，再帰計算法について理解を深めましょう．

　いま，1 から 10000 までの整数の総和 $s = 1 + 2 + 3 + \cdots + 9998 + 9999 + 10000$ を計算するプログラムを作成するとします．この 1 つの計算式をそのままプログラミングすることも可能は可能ですが，長すぎて手間ですし，ミスの原因にもなります．そ

こで，かわって，同じ処理を繰り返すというプログラミングの手法を用いることになります．この式では，足し算を 10000 回繰り返すというふうにプログラミングすれば，1 から 10000 までの数字を 1 つひとつ，＋ を付けながら入力する手間はなくなるわけです．

具体的な計算例として，10000 のかわりに，キーボードから入力された正の整数 K までの総和[*1]を求める問題について考えてみましょう．

例題 2.1

キーボードによる入力から正の整数 K を受け取り，1 から K までの整数の総和 $s = 1 + 2 + 3 + \cdots + K$ を計算して，その結果を表示するプロクラムを作成しなさい．

ソースコード 2.1　ch2ex1a.py

```
1  # 総和s=1+2+3+...+kkを計算
2  # kk: キーボードから入力
3  kk = int(input("Input␣kk␣=?"))
4  s = 0
5  for k in range(kk+1):
6      s = s + k
7      print("k=", k, "s=", s)
```

💬 ソースコードの解説

3:　キーボードからの入力を，整数に変換してから，kk に代入します．

4:　総和 s に初期値 0 を代入します．

5〜7:　for 文ブロック．繰返し処理を用いて，s を計算します．

5:　for 文．range(kk + 1) により，リスト $[0, 1, \ldots, \text{kk}]$ が生成されています．これらの要素を順番に取得して，作業変数 k に代入します．

6:　再帰計算式．等号の右側にある式 s + k を計算して，左側の変数 s に代入します．

7:　繰返しの回数と s の計算結果を表示します．

このように繰返しを用いてプログラムを書くと，どんな整数でも，それをキーボードから入力するだけで，簡単に総和を計算できます．

ここでのキーポイントは，4 〜 6 行目のコードです．この部分について，もう少し

[*1]　数学において，対象となる複数の要素をすべて足し合わせること，またはその結果を**総和**といいます．

考えてみて，繰返しを用いた処理手法について理解を深めていきたい思います．

　5 行目の for 文は，**繰返しの制御文**と呼ばれているもので，繰返しの回数を制御します．また，6 行目の s ＝ s ＋ k は**再帰計算式**（recursive formula）と呼ばれるものです．**再帰**（recursive）とは，自分自身を使うことです．等号 = の左側も，右側も同じ変数 s がありますが，等号の右側にある変数 s には，前回の繰返しの計算結果が入っています．そして，等号の左側にある変数 s には，右側の計算式の計算結果が代入されます．つまり，ここでは，前回の繰返しで得られた変数 s の値に変数 k の現在の値を足して，今回の繰返しの変数 s の値を算出しています．

　ただし，初回のときにも，6 行目の等号の右側にある変数 s に値がないといけませんから，このために for 文ブロックより前の 4 行目で，あらかじめ変数 s の初期値を 0 にしてあります．

> ▶ **実行結果**

```
1   Input kk =?10
2   k= 0 s= 0
3   k= 1 s= 1
4   k= 2 s= 3
5   k= 3 s= 6
6   k= 4 s= 10
7   k= 5 s= 15
8   k= 6 s= 21
9   k= 7 s= 28
10  k= 8 s= 36
11  k= 9 s= 45
12  k= 10 s= 55
```

　この実行結果をみると，繰返しをするたびに，前回の変数 s の値に，現在の変数 k の値が足されて，変数 s の値が更新されているということがわかります．つまり，再帰計算式によって，過去の繰返しのたびに足し合わされてきた変数 k の値は，すべて変数 s に蓄積されています．この実行例では，kk に 10 を入力したので，最終的に $1 + 2 + 3 + \cdots + 10$ の計算結果が表示されています．

　このように，繰返し処理の中で，ある変数の前回の処理で得られた値を使って，その変数の今回の処理の値を計算する方法が**再帰計算法**[*2]です．再帰計算法には，繰返し処理を欠かすことができません．

[*2]　ここでは，変数レベルの再帰計算法について説明しています．関数レベルでも再帰計算法と同じアイデアを利用することができます．こちらは，**再帰呼出し**（recursive call）ともいいます．多くのプログラミングに関する書籍では，再帰呼出しについての説明があります．

　しかし，この**ソースコード 2.1** にある s ＝ s ＋ k のような再帰計算式の書き方では，右側の古い s も，左側の新しい s も同じ変数名なので，まぎらわしくてまちがいの原因にもなります．これを避けるために，そこで，古い s と新しい s との違いを明確に区別して記述することにします．

　例えば，古い s を sold という変数名にして，新しい s を snew という変数名に変えてみましょう．つまり，毎回の繰返しの最後に，snew を sold に代入することにして，新旧交代を明らかにします．これによって**ソースコード 2.2** をつくります．

ソースコード 2.2　ch2ex1b.py

```
1  # 総和s=1+2+3+...+kkを計算
2  # kk: キーボードから入力
3  kk = int(input("Input kk =?"))
4  sold = 0
5  for k in range(kk+1):
6      snew = sold + k
7      print("k=", k, "snew=", snew)
8      # 新旧交代
9      sold = snew
```

💬 ソースコードの解説

3:　キーボードからの入力を整数に変換してから，kk に代入します．

4:　古い総和 sold に初期値 0 を代入します．

5〜9:　for 文ブロック．繰返し処理を用いて，sold を計算します．

5:　for 文．range(kk + 1) により，リスト $[0, 1, \ldots, kk]$ が生成されます．その要素を順番に取得して，作業変数 k に代入します．

6:　snew を計算します．等号の右側にある式 sold+k を計算して，左側の変数 snew に代入します．

7:　繰返しの回数 k と snew の計算結果を表示します．

9:　今回の snew は次回の sold になりますので，繰返し処理の最後に，snew を sold に代入します（新旧交代を行い，再帰を実現します）．

▶ 実行結果

```
1  Input kk =?10
2  k= 0 snew= 0
3  k= 1 snew= 1
4  k= 2 snew= 3
5  k= 3 snew= 6
6  k= 4 snew= 10
7  k= 5 snew= 15
8  k= 6 snew= 21
```

```
 9 │ k= 7 snew= 28
10 │ k= 8 snew= 36
11 │ k= 9 snew= 45
12 │ k= 10 snew= 55
```

　上記の変数 snew はソースコード 2.1 の実行結果にある s の値と同じになっています.

2.3　学習アルゴリズムの基本形

　みなさんは日ごろ, スマホや PC を使ってインターネットにアクセスしたり, 文章を作成したり, ゲームで遊んだりしていると思いますが, これは長年にわたるコンピュータの技術の発展によってもたらされたものです. コンピュータとは英語でそもそも「計算するための道具」を意味しているとおり, さまざまなコンピュータの技術のしくみを突き詰めていくと, すべてコンピュータを使った数値計算にたどり着きます.

　一方, コンピュータを使って数値計算するといっても, 何か具体的な方法がなければなりません. コンピュータを使って数値計算するための方法が**アルゴリズム** (algorithm) です. また, **学習アルゴリズム** (learning algorithm) とは, コンピュータによる学習を実現するための計算手法, または計算手順のことをいいます.

　ここで, 学習アルゴリズムを理解してもらうために, 簡単な例として, ニュートン法による 2 の平方根を求めるプログラムをみてみましょう.

例題 2.2

ニュートン法にもとづき, 2 の平方根を計算して表示するプログラムを作成しなさい.

💬 **問題の解説**

　ニュートン法とは, 方程式の根を求める以下の数値計算アルゴリズムのことです.

一般に, 関数 $f(x)$ とその微分 $f'(x)$ が与えられたとき, 方程式 $f(x) = 0$ の解は, 以下の繰返し計算で求めることができる. ここで, 初期値 x_0 は適切な任意値[*3]とする.

$$x(k+1) = x(k) - \frac{f(x(k))}{f'(x(k))} \tag{2.1}$$

今回の 2 の平方根を求める問題は, 方程式 $x^2 - 2 = 0$ の解を求める問題と同じですから

$$f(x) = x^2 - 2 \tag{2.2}$$

$$f'(x) = 2x \tag{2.3}$$

をニュートン法の一般式（式 (2.1)）にあてはめて, 繰返し処理の再帰計算式が以下のように求まります.

$$x(k+1) = x(k) - \frac{x(k)^2 - 2}{2x(k)} \tag{2.4}$$

これを, ソースコードに記述するために, 修正量を δ[*4]として取り出して記述することにします.

$$\delta = -\frac{x(k)^2 - 2}{2x(k)} \tag{2.5}$$

$$x(k+1) = x(k) + \delta \tag{2.6}$$

ソースコード 2.3　ch2ex2.py

```
1  #ニュートン法により，2の平方根を求める．
2  kk = 10
3  xold = 3
4  for k in range(kk):
5      delta = -(xold*xold-2)/(2*xold)
6      xnew = xold + delta
7      print("k=", k, "xnew=", xnew)
8      # 新旧交代
9      xold = xnew
```

💬 **ソースコードの解説**

式 (2.5) および式 (2.6) にもとづいて計算します. $x(k+1)$ を表す変数名を xnew, $x(k)$ を表す変数名を xold とします.

2:　kk に 10 を代入します.

3:　xold に初期値 3 を代入します.

4〜9:　for 文ブロック. 繰返し処理を用いて, x を計算します.

---

*3　これ以降, アルゴリズムにおける初期値の記述に, **適切な任意値**という表現を使います. 「適切な範囲内にある任意の値」, あるいは「適切な組合せの任意の値」を指しています. 無条件の任意の値とは異なります.

*4　ギリシャ文字 δ は, デルタと読みます.

4:　for 文. range(kk) により，リスト $[0, 1, \ldots, kk - 1]$ が生成されます．その要素を順番に取得して，作業変数 k に代入します．

5:　delta を計算します（式 (2.5) 参照）．

6:　xnew を計算します（式 (2.6) 参照）．

7:　繰返しの回数と，2 の平方根 xnew の計算結果を表示します．

9:　今回の xnew が次回の xold となりますので，繰返し処理の最後に，xnew を xold に代入します（新旧交代を行い，再帰処理を実現します）．

▶ 実行結果

```
1   k= 0 xnew= 1.8333333333333333
2   k= 1 xnew= 1.4621212121212122
3   k= 2 xnew= 1.414998429894803
4   k= 3 xnew= 1.4142137800471977
5   k= 4 xnew= 1.4142135623731118
6   k= 5 xnew= 1.414213562373095
7   k= 6 xnew= 1.414213562373095
8   k= 7 xnew= 1.414213562373095
9   k= 8 xnew= 1.414213562373095
10  k= 9 xnew= 1.414213562373095
```

　k ＝ 5 回目以降の繰返しでは，解 xnew の値に変化がありませんので，再帰計算法により安定した数値解が得られていることがわかります．

　整理すると，例題 2.2 のプログラムでは，再帰計算法の形に沿って以下のようなステップを繰り返すことで，目標となる 2 の平方根の真値に近づいています．

$$\text{xnew} = \text{xold} + \text{delta} \qquad （更新式）$$

$$\vdots$$

$$\text{xold} = \text{xnew} \qquad （繰返しの最後に，新旧交代）$$

　このような処理手順は，多くの学習アルゴリズムの基本的な形となりますので，次にまとめて示します．

> **ポイント 2.1** 学習アルゴリズムの基本形
>
> 目標が達成されるまで，以下の学習ステップを繰り返す．
>
> （新たな学習成果）＝（これまでの学習成果）＋（目標に向かう修正量）　（更新式）
>
> ⋮
>
> （これまでの学習成果）＝（新たな学習成果）　　（繰返しの最後に，新旧交代）

　この学習アルゴリズムの基本形において，「これまでの学習成果」とは，すなわち，「これまでの学習成果」の記憶のことです．あたり前ですが，学習を実現するためには，まず，これまでに学習したことを覚えていないといけません．そうでないと，毎回振り出しに戻ってしまいますから，ちっとも学習が進まなくなります．

　また，「目標に向かう修正量」とは，いいかえれば，「現時点から目標に向けて進む新たな一歩」のことです．つまり，「これまでの学習成果の記憶」から「現時点から目標に向けて進む新たな一歩」を踏み出すことを繰り返すことで，ゴールに到達することができるという考え方です．

　「目標に向かう修正量」が 0 になると，「現時点から目標に向けて進む新たな一歩」がなくなり，「新たな学習成果」が更新されなくなりますが，それが目指していたゴールだということになります．そのとき，学習が終了になります．

2.4　勾配降下法を理解しよう

　現在の AI において主流であるディープラーニングにおいて，もっともよく使われている学習アルゴリズムが**勾配降下法**（gradient descent method）[*5]と呼ばれるものです．

　勾配降下法は，もともと 1 変数関数の最小値を見つけるための探索手法の 1 つです．ここでは，1 変数関数による勾配降下法の簡単な例で，勾配降下法の基本的な考え方，更新式とプログラムへの実装方法をみていきましょう．前節では，ニュートン法を用いて 2 の平方根を求めるプログラムを作成しましたが，この節では，かわって勾配降下法を使って同じ問題を解いてみましょう．

　2 の平方根は方程式 $x^2 = 2$ の解です．学習アルゴリズムでは，このような正解と

[*5]　**最急降下法**（steepest descent）とも呼ばれます．

なる x の値を**目標値**と呼びます. つまり, この問題では, 2 は関数 $y = f(x) = x^2$ の目標値です. そして, y がどのくらい目標値 d から離れているかを表すものを**損失関数** (loss function)[*6]といいます. ここでは, 以下のように, 目標値 d と y の差の 2 乗を損失関数 Q として用います.

$$Q = (d - y)^2 \tag{2.7}$$

上記の問題の場合は

$$Q = (2 - x^2)^2 \tag{2.8}$$

となります. 明らかに, 式 (2.8) の最小値は $x^2 = 2$ のときにあります. つまり, $x_{\min} = \sqrt{2} \approx 1.414$ となります. 損失関数 Q を導入することで, 2 の平方根を求める問題を, 損失関数 Q の最小値を求める問題にいいかえたわけです.

次に, 勾配降下法の考え方について初歩的な説明をします. そして, x についての更新式を導出していきます.

1 変数関数 $y = f(x)$ の場合, x_0 における **勾配** (gradient) とは, $x = x_0$ における関数 $f(x)$ の切線の x 軸に対する傾きのことをいいます. これは, $x = x_0$ における関数の微分 $f'(x_0)$ を計算すれば求めることができます. また, $y = f(x)$ が最小値をとる点 $x_{\min}$ では, その微分は $f'(x_{\min}) = 0$ (傾きが 0) になりますので, 勾配が 0 になります. つまり, 勾配降下法とは, 勾配に合わせて, 損失関数を減少させる方向に進むように x の値を調整していけば, いつかは最終的に, 損失関数の最小値に到達できるだろうというアイデアにもとづいています.

さて, 勾配降下法を用いて式 (2.8) の最小値を求めてみましょう. まず微分します.

$$y' = f'(x) = -4x(2 - x^2) \tag{2.9}$$

ここで, x が最小点 $x_{\min}$ の右側にある $x > x_{\min}$ の場合と, x が最小点 $x_{\min}$ の左側にある $x < x_{\min}$ の場合の, 2 つのケースに分けて, 勾配降下法について説明します.

x が最小点 $x_{\min}$ の右側にある $x > x_{\min}$ のとき, **図 2.1** のグラフとなります.

図 2.1 において, 太い実線は損失関数 $y = (2 - x^2)^2$ の曲線です. 対して, 細い破線は, 損失関数 y の, $x_1 = 2$ における接線 $y_1 = 16x - 28$ です. 式 (2.9) からも計算できますが, その傾きは 16 です.

このグラフをみればわかるように, $x = 2$ のとき, (傾き) > 0 です. したがって, $x = 2$ からみれば, 損失関数が最小値となる $x_{\min}$ のほうが小さいので, そこに行くために, x の値を傾きに比例して減らす必要があります. つまり, 次のステップを

[*6]   対象としている問題によっては, **誤差関数** (error function) ともいいます.

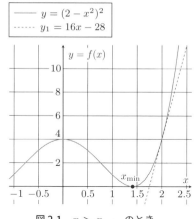
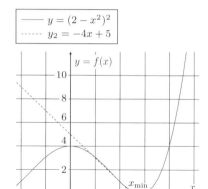

図 2.1　$x > x_{\min}$ のとき　　　　**図 2.2**　$x < x_{\min}$ のとき

$$x_2 = x_1 - \eta f'(x_1)$$

のように，x の値が減るように進めていくと，より最小値に近づくことができます．ここで，$\eta > 0$ を**学習率**（learning rate）といいます．η[*7]の大きさを加減することで，1 回の更新でどのくらい最小値に近づけるかを調整することができます．

　対して，x が最小点 $x_{\min}$ の左側にある（$x < x_{\min}$）とき，**図 2.2** のグラフとなります．

　図 2.2 において，太い実線は損失関数 $y = (2 - x^2)^2$ の曲線です．対して，細い破線は，損失関数 y の $x = 1$ における接線 $y_1 = -4x + 5$ です．式 (2.9) からも計算できますが，その傾きは -4 です．

　このグラフをみればわかるように，$x = 1$ のとき，（傾き）< 0 です．したがって，$x = 1$ からみれば，損失関数が最小値となる $x_{\min}$ がより大きいので，そこに行くために，x の値を傾きに比例して増やす必要があります．

　少しややこしいのですが，いま傾きは負（マイナス）なので，$(\text{負}) \times (\text{負}) = (\text{正})$ から，やはり先ほどと同じく

$$x_2 = x_1 - \eta f'(x_1)$$

のように進めると，より最小値に近づくことができます．

　以上より，$x > x_{\min}$ から始めても，$x < x_{\min}$ から始めても，最小値をとる最小点 $x_{\min}$ に近づくための式は同じになりました．したがって，x が $x_{\min}$ より左にある

---

*7　ギリシャ文字 η は，イータと読みます．

か，それとも右にあるかで場合分けする必要はありません．

　更新前の x_1 を $x(k)$ に，更新後の x_2 を $x(k+1)$ として，繰返し回数を明示するように書きかえて，勾配降下法における x の更新式を表すことができます．これにより，以下のような勾配降下法（1 変数関数の場合）が得られます．

ポイント　2.2　　勾配降下法（1 変数関数の場合）

　最小値のある 1 変数関数 $y = f(x)$ が与えられたとき，関数 y が最小値[*8]となる独立変数 x の値は，以下の手順によって，見つけることができる．
初期値：

$$x(0) = (適切な任意値)$$

繰返し処理：
for $k = 0, 1, \ldots, K$:

$$x(k+1) = x(k) - \eta f'(x(k)) \tag{2.10}$$

ここで，学習率 $\eta > 0$ である．

　つまり，式 (2.10) を用いて x の値を繰り返し更新していけば，最終的に x の最小値点 $x_{\min}$ に到達します．このとき，傾き $f'(x_{\min}) = 0$ となります．また，式 (2.10) の第 2 項が 0 になるので，それ以降は x の値は変化しなくなります．

例題 2.3

　勾配降下法にもとづき，2 の平方根を求めて表示するプログラムを作成しなさい．ただし，繰返し計算の途中結果を配列に保存するものとする．また，初期値は $x(0) = 3$ とする．

ソースコード 2.4　ch2ex3.py

```python
# 勾配降下法により，2の平方根を求める.
import numpy as np

```

[*8]　厳密にいうと，全体的な最小値となる保証はできません．

```
4   kk = 2000
5   x = np.empty(kk+1)
6   x[0] = 3
7   eta = 0.001
8   for k in range(kk):
9       delta = -4.0*x[k]*(2 - x[k]**2)
10      x[k+1] = x[k] - eta*delta
11      print("k=", k, "x=", x[k+1])
```

💬 ソースコードの解説

2: numpy を読み込んで，np とします．

4: kk に 2000 を代入します．

5: 要素 $kk + 1$ をもつ空の配列 x を作成します．

6: 配列 x の 0 番目要素に 3 を代入します．

7: 学習率 eta に 0.001 を代入します．

8～11: for 文ブロック．繰返し処理を用いて，x を計算します．

8: for 文．作業変数 k は，リスト $[0, 1, \ldots, kk - 1]$ から順次，値をとります．

9: 修正量 delta を計算します（式 (2.10) 参照）．

10: 現在の x の値と修正量 delta を用いて，次の x を計算します（式 (2.10) 参照）．

11: 繰返しの回数と，2 の平方根 x の計算結果を表示します．

▶ 実行結果

```
1   k= 0 x= 2.916
2   k= 1 x= 2.840148354816
3   k= 2 x= 2.771229966057196
4   k= 3 x= 2.708270774613467
5   k= 4 x= 2.650479194839024
6   k= 5 x= 2.5972041393460508
7   k= 6 x= 2.5479043288791785
8   k= 7 x= 2.502125454374359
9   k= 8 x= 2.4594829133661804
10  k= 9 x= 2.419648575198326
11  k= 10 x= 2.382340505224166
12  ......
13  （略）
14  ......
15  k= 1990 x= 1.414213562373102
16  k= 1991 x= 1.414213562373102
17  k= 1992 x= 1.414213562373102
18  k= 1993 x= 1.414213562373102
19  k= 1994 x= 1.414213562373102
20  k= 1995 x= 1.414213562373102
21  k= 1996 x= 1.414213562373102
22  k= 1997 x= 1.414213562373102
23  k= 1998 x= 1.414213562373102
```

```
24 | k= 1999 x= 1.414213562373102
```

　先のニュートン法による解答と違いをみてみると，今回は，小数点以下 12 桁まで同じ値になっていることがわかります．また，ニュートン法より，目標値への収束が遅いこともわかります．

例題 2.4

　例題 2.3 で求めた x の値を損失関数のグラフにプロットして，目標値に近づく過程を確認しなさい．ただし，初期値は $x(0) = 3$，データ数は 10 とする．

ソースコード 2.5　ch2ex4.py

```python
1  # 勾配降下法により，2の平方根を求める + グラフ作成
2  import matplotlib.pyplot as plt
3  import numpy as np
4
5  kk = 10
6  x = np.empty(kk+1)
7  x[0] = 3
8  eta = 0.01
9  for k in range(kk):
10     delta = -4.0*x[k]*(2 - x[k]**2)
11     x[k+1] = x[k] - eta*delta
12 # 損失関数 y = (2 - x^2)^2 の値を計算
13 y = (2 - x**2) ** 2
14 # xとyの値を表示
15 for k, data in enumerate(zip(x,y)):
16     print("k={0:4d}␣␣x={1:15.12f}␣␣Loss={2:15.12f}".format(k, ↵
         data[0], data[1]))
17 # グラフを作成
18 plt.figure(figsize=(10, 6))
19 plt.scatter(x, y, c="red")
20 for no, data in enumerate(zip(x,y)):
21     plt.annotate(str(no), data)
22 # 独立変数xの値の配列をつくる.
23 xx = np.arange(0, 3.1, 0.1)
24 # 損失関数 yy = (2 - xx^2) ^2 の値を計算
25 yy = (2 - xx**2) ** 2
26 plt.plot(xx, yy)
27 plt.title("Loss␣During␣Gradient␣Descending", fontsize=20)
28 plt.xlabel("x", fontsize=16)
29 plt.ylabel("Loss", fontsize=16)
30 plt.savefig("ch2ex4 fig 1.png")
```

💬 ソースコードの解説

2: matplotlib.pyplot を読み込んで，plt とします．

3〜11: （略：例題 2.3 で説明済み）

13: 配列 x について，損失関数 y を計算します．

15〜16: データの番号，配列 x と配列 y のデータを表示します．

18: 横サイズ 10，縦サイズ 6 のグラフを作成します．

19: グラフに配列 x と配列 y を使って，散布図（点）を作成します．

20〜21: 散布図（点）に，データの番号を付記します．

23〜26: 損失関数のグラフを作成します．

23: 配列 xx=[0.0, 0.1, . . . , 2.9, 3.0] を作成します．

25: 独立変数の配列 xx に対して，損失関数の配列 yy を計算します．

26: 配列 xx と配列 yy のデータの折れ線グラフを作成します．

27: グラフに表題をつけます．

28: グラフの x 軸のラベルを x とします．

29: グラフの y 軸のラベルを Loss とします．

30: これまでに作成したグラフを PNG 形式でファイルに保存します．

▶ 実行結果

```
 1  k=  0  x= 3.000000000000  Loss=49.000000000000
 2  k=  1  x= 2.160000000000  Loss= 7.105423360000
 3  k=  2  x= 1.929692160000  Loss= 2.971182481037
 4  k=  3  x= 1.796642831639  Loss= 1.507800946322
 5  k=  4  x= 1.708397092297  Loss= 0.843863852621
 6  k=  5  x= 1.645622340113  Loss= 0.501367212281
 7  k=  6  x= 1.599013517709  Loss= 0.310075496280
 8  k=  7  x= 1.563397459680  Loss= 0.197323960618
 9  k=  8  x= 1.535618287141  Loss= 0.128252458300
10  k=  9  x= 1.513620645853  Loss= 0.084708623711
11  k= 10  x= 1.495999228105  Loss= 0.056650516860
```

このプログラムの実行結果には，各回のデータの番号，x の値と Loss の値が表示されています．また，**図 2.3** の (x, Loss) の点を順番に示したグラフが保存されます．グラフをみると，x が徐々に目標値に近づいていく様子がみてとれます．

2.5　多変数関数の勾配降下法

続いて，前節の 1 変数関数 $y = f(x)$ の勾配降下法を拡張して，多変数関数 $y = f(x_1, x_2, \ldots, x_M)$（$M$ は正の整数）の勾配降下法について考えてみましょう．多変数関数 $y = f(x_1, x_2, \ldots, x_M)$ の場合は，独立変数 $x_1, x_2, \ldots, x_M$ それぞれに対して，傾きの方向に減らすことにすれば，関数 y の最小点にたどり着くことができるで

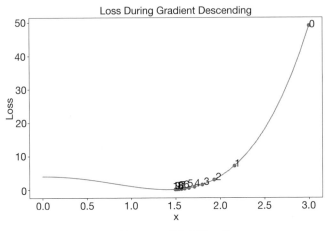

図 2.3　例題 2.4 の損失関数のグラフ

しょう．ここで，点 $(x_1, x_2, \ldots, x_M)$ における独立変数 x_m $(m = 1, 2, \ldots, M)$ に対する傾きは，以下のように偏微分[*9]を用いて表すことができます．

$$\frac{\partial Q}{\partial x_m} f(x_1(k), x_2(k), \ldots, x_M(k)) \qquad (m = 1, 2, \ldots, M) \tag{2.11}$$

したがって，以下のような勾配降下法（多変数関数の場合）が得られます．

ポイント 2.3　　勾配降下法（多変数関数の場合）

多変数関数 $y = f(x_1, x_2, \ldots, x_M)$ が最小値になるような独立変数 x_m $(m = 1, 2, \ldots, M)$（M は正の整数）の値は，以下の手順によって，見つけることができる．

初期値：

for $m = 1, 2, \ldots, M$:

$$x_m(0) = (適切な任意値) \tag{2.12}$$

繰返し処理：

for $k = 0, 1, \ldots, K$:

[*9]　偏微分の詳しい原理や計算方法については数学の書籍を参考にしてください．基本的には，ある x_m の偏微分をするときには，ほかの x_n $(n \neq m)$ は定数とみなして計算することになります．

for $m = 1, 2, \ldots, M$:

$$x_m(k+1) = x_m(k) - \eta \frac{\partial Q}{\partial x_m}(x_1(k), x_2(k), \ldots, x_M(k)) \tag{2.13}$$

ここで，学習率 $\eta > 0$ である．

例題 2.5

以下の仕様要求を実現するプログラムを作成しなさい．

勾配降下法にもとづき，次の 2 変数関数 $z = f(x, y)$ が最小値となる変数 x, y の値を求める．ただし，初期値は $x_0 = 1$，$y_0 = 1$ とする．

$$z = f(x, y) = 1 - \exp\left(-\frac{3x^2 + y^2}{5}\right) \tag{2.14}$$

式 (2.14) のグラフを**図 2.4** に示します．点 $(0, 0)$ において，最小値 0 をとります．

まず，$z = f(x, y)$ の変数 x, y に対する偏微分を求めます．式 (2.14) を，（もう一方を定数とみなして）それぞれ変数 x, y で偏微分すれば，以下のようになります．

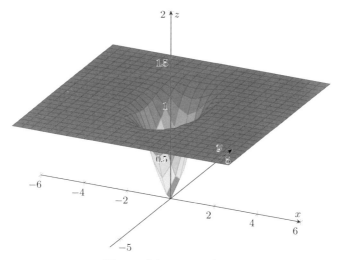

図 2.4 式 (2.14) ののグラフ

$$\frac{\partial z}{\partial x} = \exp\left[-\frac{3x^2+y^2}{5}\right] \cdot \frac{6}{5}x \tag{2.15}$$

$$\frac{\partial z}{\partial y} = \exp\left[-\frac{3x^2+y^2}{5}\right] \cdot \frac{2}{5}y \tag{2.16}$$

そして，これらを勾配降下法の式（式 (2.13)）に代入して，変数 x と y のそれぞれ
の更新式を導出します．

ソースコード 2.6　ch2ex5.py

```python
# 2変数関数の勾配降下法 + グラフ作成
import numpy as np
import matplotlib.pyplot as plt

# 勾配降下法（変数x，yの更新）
kk = 100
x = np.empty(kk+1)
y = np.empty(kk+1)
x[0] = 1
y[0] = 1
eta = 0.2
for k in range(kk):
    deltax = np.exp(-( 3*x[k]**2+y[k]**2)/5)*6*x[k]/5
    deltay = np.exp(-( 3*x[k]**2+y[k]**2)/5)*2*y[k]/5
    x[k+1] = x[k] - eta*deltax
    y[k+1] = y[k] - eta*deltay
# 関数zの値を計算
z = 1.0 - np.exp(-( 3*x**2+y**2)/5)
# x,y,zの値を表示
for k, data in enumerate(zip(x,y,z)):
    print("k={0:4d}␣␣x={1:15.12f}␣␣y={2:15.12f}␣␣↩
        z={3:15.12f}".format(k, data[0], data[1], data[2]))
# x, y, zのグラフを作成
plt.figure(figsize=(10, 6))
k = np.arange(0, kk+1)
plt.plot(k, x, linestyle = "dashdot", label = "x")
plt.plot(k, y, linestyle = "dashed", label = "y")
plt.plot(k, z, linestyle = " solid ", label = "z")
plt.title("Value␣of␣x,␣y,␣z␣During␣Gradient␣Descending", fontsize=20)
plt.xlabel("k", fontsize=16)
plt.ylabel("Value", fontsize=16)
plt.legend()
plt.savefig("ch2ex5 fig 1.png")
```

💬 ソースコードの解説

2: numpy を読み込んで，np とします．

3: matplotlib.pyplot を読み込んで，plt とします．

6: kk に 100 を代入します．

7: 要素 kk + 1 をもつ空の配列 x を作成します．

8: 要素 kk + 1 をもつ空の配列 y を作成します．

9: 配列 x の 0 番目要素に 1 を代入します．

10: 配列 y の 0 番目要素に 1 を代入します．

11: 学習率 eta に 0.2 を代入します．

12〜16: for 文ブロック．繰返し処理を用いて，x と y を計算します．

12: for 文．作業変数 k は，リスト $[0, 1, \ldots, kk - 1]$ から順次，値をとります．

13: x の勾配 deltax を計算します．

14: y の勾配 deltay を計算します．

15: 勾配降下法の更新式にもとづき，次の x を計算します．

16: 勾配降下法の更新式にもとづき，次の y を計算します．

18: 配列 x, y について，2 変数関数 z を計算します．

20〜21: データの番号，配列 x, y, z のデータを表示します．

23: 横サイズ 10，縦サイズ 6 のグラフを作成します．

24: データ番号の配列 k を作成します．

25: 配列 k, x のデータの折れ線グラフを作成します．線種には破線を用います．

26: 配列 k, y のデータの折れ線グラフを作成します．線種には一点破線を用います．

27: 配列 k, z のデータの折れ線グラフを作成します．線種には実線を用います．

28: グラフに表題をつけます．

29: グラフの x 軸のラベルを k とします．

30: グラフの y 軸のラベルを Value とします．

31: グラフに凡例を作成します．

32: 作成したグラフ一式を PNG 形式でファイルに保存します．

▶ 実行結果

```
1   k=   0   x= 1.000000000000   y= 1.000000000000   z= 0.550671035883
2   k=   1   x= 0.892161048612   y= 0.964053682871   z= 0.484929092169
3   k=   2   x= 0.781874760314   y= 0.924329202420   z= 0.415894568688
4   k=   3   x= 0.672267409729   y= 0.881136745824   z= 0.347175192963
5   k=   4   x= 0.566937927641   y= 0.835118511738   z= 0.282753535953
6   k=   5   x= 0.469345713897   y= 0.787199647770   z= 0.225941553974
7   k=   6   x= 0.382153470549   y= 0.738452564885   z= 0.178552460665
8   k=   7   x= 0.306812903822   y= 0.689924561498   z= 0.140736519663
9   k=   8   x= 0.243540954170   y= 0.642498403107   z= 0.111435604541
10  k=   9   x= 0.191604517199   y= 0.596826306696   z= 0.089050395998
```

```
11 | k=  10  x= 0.149714423023  y= 0.553332011676  z= 0.071963215123
12 | ......
13 | (略)
14 | ......
15 | k=  90  x= 0.000000000050  y= 0.000728667983  z= 0.000000106191
16 | k=  91  x= 0.000000000038  y= 0.000670374550  z= 0.000000089880
17 | k=  92  x= 0.000000000029  y= 0.000616744591  z= 0.000000076075
18 | k=  93  x= 0.000000000022  y= 0.000567405027  z= 0.000000064390
19 | k=  94  x= 0.000000000017  y= 0.000522012628  z= 0.000000054499
20 | k=  95  x= 0.000000000013  y= 0.000480251620  z= 0.000000046128
21 | k=  96  x= 0.000000000010  y= 0.000441831492  z= 0.000000039043
22 | k=  97  x= 0.000000000007  y= 0.000406484974  z= 0.000000033046
23 | k=  98  x= 0.000000000006  y= 0.000373966178  z= 0.000000027970
24 | k=  99  x= 0.000000000004  y= 0.000344048884  z= 0.000000023674
25 | k= 100  x= 0.000000000003  y= 0.000316524974  z= 0.000000020038
```

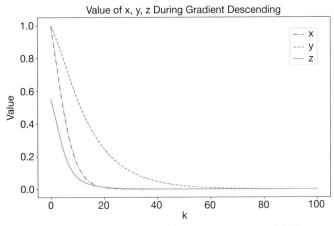

図 2.5　例題 2.5 の勾配降下法における x, y, z の収束過程

　このプログラムの実行結果には，各回の x, y, z の値が表示されています．また，図 2.5 のような x, y, z の各変数の収束過程のグラフが保存されます．グラフをみると，x, y, z が徐々に目標値に近づいていく様子がみてとれます．

演 習 問 題

問題 2.1 例題 2.3（36 ページ）のプログラムをもとに，以下を実現するプログラムを作成しなさい．

> x の初期値 x[0] を，順番に 0.1, 0, −0.1, −3 に変更して，再度計算を行う．

そして，各初期値における計算結果の違いを比較して，どうしてそのような結果になったかを説明しなさい．

問題 2.2 例題 2.3 のプログラムをもとに，以下を実現するプログラムを作成しなさい．

> 学習率 eta を，順番に 0.005, 0.05, 0.1 に変更して，再度計算を行う．

そして，各学習率における計算結果の違いを比較して，どうしてそのような結果になったかを説明しなさい．

問題 2.3 以下の仕様要求にしたがって，ニュートン法と勾配降下法の収束速度を比較するプログラムを作成しなさい．

1. ニュートン法によって 2 の平方根を求め，配列 x1 に保存する（例題 2.2，30 ページ参照）．
2. 勾配降下法によって 2 の平方根を求め，配列 x2 に保存する（例題 2.3，36 ページ参照）．
3. 配列 x1 と配列 x2 を用いて，1 つの折れ線グラフを作成する（例題 2.5，41 ページのグラフ作成部分参照）．

そして，ニュートン法と勾配降下法の収束速度の違いを比較して，どうしてそのような結果になったかを説明しなさい．

## 第 3 章

AIの学習の基本的なしくみ

　前章までで，AIが学習するとは，具体的に何をどのように行うことなのかについて説明しました．しかし，まだ方法がわかっただけで，これだけではAIは学習できません．

　本章では，AIの学習のための基本的なしくみを示して，AIの学習を実現するにあたってとても大事になってくる重みという概念を導入します．そして，重みの最適値を探索するための確率的勾配降下法，およびミニバッチ勾配降下法の学習アルゴリズムを示します．

　最後に，応用問題として，総合成績から各テストの割合を当てる問題を，それぞれの学習アルゴリズムにもとづき，数値計算ライブラリ NumPy を用いて実現します．

3.1　重みを導入しよう

　前章では，1変数関数と多変数関数の最小値を求める問題を例として用い，勾配降下法について解説しました．しかし，一般的な問題において，処理の対象となるものは，例題 2.3 の

$$y = f(x) = x^2 - 2$$

や例題 2.5 の

$$z = f(x, y) = 1 - \exp\left(-\frac{3x^2 + y^2}{5}\right)$$

のように簡単な数学の関数で表されるとはかぎりません．

　より一般的な問題に対応するためには，まず学習のためのシステムが必要となります．具体的には，内部に値が調整できるパラメータが備え付けてあるようなシステムが必要となります．そうすれば，システム内部にあるパラメータを調整することで，求められた目標に合わせるように出力をつくり出すことができるようになります．

　このために，現在，AIの学習のための基本的なしくみとして用いられているのが

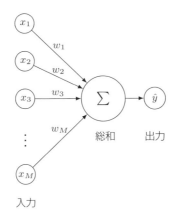

図 3.1　線形結合器のシステム構成図

線形結合器（linear combiner）です．そのシステム構成を**図 3.1** に示します．

　この図において，$x_1, x_2, \ldots, x_M$ を**入力**（input）といい，$\hat{y}$ を**出力**（output）といいます．また，$w_1, w_2, \ldots, w_M$ は調整可能なパラメータで，一般的に**重み**（weight）といいます．図 3.1 の出力と入力の関係は以下の数式で表すことができます．

$$\hat{y} = w_1 x_1 + w_2 x_2 + \cdots + w_M x_M \tag{3.1}$$

この式からわかるように，入力 x_i から重み w_i の割合で取り出した分量を足し合わせたものが出力 $\hat{y}$ になります．つまり，重み $w_1, w_2, \ldots, w_M$ を調整すると，同じ入力であっても出力に違いが出てきます．このように，線形結合器は，その内部にある重みを調整することで，外部にある目標に出力を合わせることができます．

　また，式 (3.1) のように表せるとき，$\hat{y}$ は $x_1, x_2, \ldots, x_M$ の**線形結合**（linear combination，**一次結合**）であるといいます．

　さらに，入力 $x_1, x_2, \ldots, x_M$ と重み $w_1, w_2, \ldots, w_M$ は

$$\mathbf{x} = \begin{pmatrix} x_1 \\ x_2 \\ x_3 \\ \vdots \\ x_M \end{pmatrix}, \qquad \mathbf{w} = \begin{pmatrix} w_1 \\ w_2 \\ w_3 \\ \vdots \\ w_M \end{pmatrix} \tag{3.2}$$

と，ベクトルとみなすことができますので，式 (3.1) は次のような簡単な形で表すこともできます．

$$\hat{y} = \mathbf{w}^{\mathsf{T}} \mathbf{x} \tag{3.3}$$

ただし，$\mathbf{w}$ の右上の添字 T は，行列の転置を表します．

3.2　損失関数と重みの最適解

　式 (3.3) では，入力 $\mathbf{x}$ と出力 $\hat{y}$ との間の関係だけは決まっていますが，重み $\mathbf{w}$ については，これから決めなければなりません．この重みについては，「出力をある目標に合わせるように調整する」ことになっています．そうすると，システムの出力が目標とどのぐらい違うのかを評価するための数値指標が必要となります．ここで，線形結合器に対しても，前章で説明した損失関数を導入します．一般的に，出力が目標値に到達したとき，損失関数はその値がもっとも小さくならないといけません．

　第 2 章の計算例では，目標値と関数値の差の 2 乗を損失関数に用いましたが，今回の線形結合器を評価するときには，損失関数として，目標値 y と推測値（線形結合器の出力）$\hat{y}$ の**平均 2 乗誤差**（Mean Squared Error; MSE）を用います．以下に 2 乗誤差の定義式を示します．

$$Q = \mathrm{E}\left[(y - \hat{y})^2\right] \tag{3.4}$$

　ここで，$\mathrm{E}[\cdot]$ は，確率・統計で習う期待値を求めることを表しています．しかし，応用問題に適用すると，この期待値を求めるのが難しいことが多いため，かわりに平均値を求めることがよくあります[*1]．

　このとき，実測値のデータを $y(1), y(2), \ldots, y(K)$，推測値のデータを $\hat{y}(1), \hat{y}(2), \ldots, \hat{y}(K)$ として，式 (3.3) は以下となります．

$$Q = \frac{1}{K} \sum_{k=1}^{K} (y(k) - \hat{y}(k))^2 \tag{3.5}$$

　また，係数 $\frac{1}{K}$ は省略しても損失関数 Q が最小となるときの重みの値は変わらないので，以下とすることもよくあります．

$$Q = \sum_{k=1}^{K} (y(k) - \hat{y}(k))^2 \tag{3.6}$$

　式 (3.6) は平均をとっていないので，**2 乗和誤差**（Sum of Squared Error; SSE）といいます．

　ここまでを整理すると，AI の学習のための基本的なしくみとして線形結合器を導

[*1]　対象となる母集団から採取したデータサンプルが十分であれば，期待値 ≈ 平均値となります．

入しました. そして, その重みを調整することで, 損失関数の値が最小になるように
することができます. いいかえれば, 損失関数が最小となるような重みの組合せが求
まります. このような重みの組合せを, 重みの**最適解**といいます.

3.3　確率的勾配降下法

　前節では, 損失関数と重みの最適解について説明しましたが, この節では, 最適解
を求める学習アルゴリズムを示します. これまでの説明に沿って考えれば, 式 (3.4),
式 (3.5), または式 (3.6) で定義した損失関数に対して, 第 2 章の 2.5 節で示した勾配
降下法を適用すれば, 学習アルゴリズムを導出することができます.

　けれども, これらの損失関数では, すべてのデータを使って計算しています. 大量
なデータがある場合, 毎回の更新に, すべてのデータを使って計算すると, 計算時間
が膨大になり, 学習の効率が悪くなってしまいます.

　また, 第 2 章で示した学習アルゴリズムの基本形からわかるように, 学習ステップ
の更新式を繰り返すようにして学習が行われます. 更新式において, 新しいデータの
みを使って,「目標に向かう修正量」を計算しますので, すべてのデータを使う必要
がありません.

　そこで, 損失関数について再度検討します. 平均 2 乗誤差の損失関数の定義式
(式 (3.4)) から考えると, もっとも簡単な対策は, 確率変数の期待値のかわりに, 確
率変数の 1 つのデータサンプルをそのまま使うことです. つまり, 定義式から期待値
$E[\cdot]$ を外して, $(y - \hat{y})^2$ の現在時刻 k のデータサンプルをそのまま使うのです. その
結果, 式 (3.4) は次のようになります.

$$Q = \frac{1}{2}(y(k) - \hat{y}(k))^2 \tag{3.7}$$

　この損失関数を, **2 乗誤差** (squared error) といいます. 係数 $\frac{1}{2}$ は, 学習アルゴリ
ズムを導出するときに, $(y(k) - \hat{y}(k))^2$ を微分すると出てくる 2 を打ち消すためのも
のです. もちろん, 重みの最適解の値には影響しません.

　式 (3.7) では, 確率変数の個々のデータサンプルを使いますので, 確率的な値に
なります. このような損失関数に勾配降下法を適用したものを, **確率的勾配降下法**
(Stochastic Gradient Descent; SGD) といいます.

ポイント 3.1　確率的勾配降下法の学習アルゴリズム[*2]

　線形結合器で損失関数に 2 乗誤差を採用したとき，その重み w_m ($m = 1, 2, \ldots, M$) の最適解は，以下の手順によって見つけることができる．

初期値：

$$w_m(0) = （適切な任意値） \tag{3.8}$$

繰返し処理：

for $k = 0, 1, \ldots, K$:

$$w_m(k + 1) = w_m(k) + \eta(y(k) - \hat{y}(k))x_m(k) \tag{3.9}$$

3.4　簡単なデータセットをつくってみよう

　確率的勾配降下法の学習アルゴリズムを導くことができましたので，具体的な応用問題に対して，重みの最適解を求めるプログラムを考えてみましょう．

　多くの学校では，学期ごとに中間試験と期末試験を行い，それらの成績を一定の割合で組み合わせて各生徒の総合成績としています．ここで，中間試験の成績，期末試験の成績，および総合成績のデータから，この割合を推定する問題に取り組んでみましょう．そのために，まず，プログラムを使って，学習に必要となるデータセットを用意しておきます．

例題 3.1

以下の仕様要求を実現するプログラムを作成しなさい．ただし，中間試験の成績が占める割合を 45%，期末試験の成績が占める割合を 55% とする．

1. 乱数を用いて，中間試験の成績と期末試験の成績を生成する．
2. 中間試験の成績と期末試験の成績を一定の割合で組み合わせて，総合成績を算出する．
3. 中間試験の成績，期末試験の成績，総合成績の順に，ファイルに書き出す．

[*2]　このアルゴリズムの記述においては，重みの添字 m についての繰返しの記述が省略されています．これは，NumPy ではベクトル演算で実現でき，明示的に繰返しを書く必要がないからです．なお，これ以降の学習アルゴリズムの記述についても同様です．

> ただし，中間試験の成績，期末試験の成績は，すべて 0 から 100 までの整数とする．

ソースコード 3.1　ch3ex1.py

```python
# 中間試験と期末試験を乱数で生成，総合成績を作成
import numpy as np

# データの行数
kk = 10000
# データの列数
nn = 2
# データ作成
xx = np.random.randint(0,101, (kk, nn))
yy = 0.45*xx[:,0] + 0.55*xx[:,1]
# 作成したデータをnpzファイルに保存
np.savez(" sougouseiseki .npz", x=xx, y=yy)
```

💬 **ソースコードの解説**

（以降では，import 文の解説を省略します．）

5:　作成するデータの行数 kk を 10000 とします．

7:　作成するデータの列数 nn を 2 とします．

9:　乱数で 0〜100 範囲内の整数を生成して，配列 xx に代入します．

10:　配列 xx の 0 列目を 45%，配列 xx の 1 列目を 55% として総合成績を算出し，配列 yy に代入します．

12:　配列 xx, yy を sougouseiseki.npz に書き出します．

▶ **実行結果**

　実行すると，sougouseiseki.npz という名前のファイルが作成されます．

　しかし，NumPy の npz 形式は，テキストエディタで開いて直接その内容を確認することができません．そのため，以下のようなプログラムを作成して，npz ファイルの内容を表示して確認します．

ソースコード 3.2　ch3ex1-check.py

```python
# sougouseiseki.npzの内容を確認
import numpy as np

# ファイルからデータをロード
seisekidata = np.load(" sougouseiseki .npz")
print(seisekidata.files)
```

```
7   xx = seisekidata["x"]
8   yy = seisekidata["y"]
9   # xx, yyの内容を表示
10  for x, y in zip(xx,yy):
11      print("{0:3d}␣␣{1:3d}␣␣{2:10.6f}".format(x[0], x[1], y))
12  # xx, yyのサイズ
13  print("xxのサイズ␣=", xx.shape)
14  print("yyのサイズ␣=", yy.shape)
```

💬 ソースコードの解説

5: sougouseiseki.npz からデータをロードして, seisekidata に代入します.

6: seisekidata の中にある属性名を表示します.

7: 配列 xx に seisekidata の x 属性を代入します.

8: 配列 yy に seisekidata の y 属性を代入します.

10〜11: 配列 xx と yy のデータをペアで取り出して表示します.

13: 配列 xx のサイズを取り出して表示します.

14: 配列 yy のサイズを取り出して表示します.

▶ 実行結果

```
1   ......
2   (略)
3   ......
4    14   95   58.550000
5    55   30   41.250000
6    49   26   36.350000
7    12   71   44.450000
8    24   39   32.250000
9    20   18   18.900000
10   10   21   16.050000
11   85   68   75.650000
12   29   58   44.950000
13   25   66   47.550000
14   26   14   19.400000
15  xxのサイズ = (10000, 2)
16  yyのサイズ = (10000,)
```

3.5　確率的勾配降下法による重みの最適解を求めるプログラム

　前節で用意したデータセットを使って, 確率的勾配降下法にもとづき, 中間試験の成績, 期末試験の成績が総合成績に占める割合を推定するプログラムに取り組んでみましょう.

例題 3.2

以下の仕様要求を実現するプロクラムを作成しなさい.

1. 与えられた中間試験の成績, 期末試験の成績, 総合成績の各ファイルから
   データを読み込む.
2. 確率的勾配降下法を用いて, 総合成績において, 中間試験の成績が占める
   割合と期末試験の成績が占める割合を算出して表示する.

ソースコード 3.3　ch3ex2.py

```python
# 確率勾配降下法による重み推定
import numpy as np

# データを取得する.
seisekidata = np.load(" sougouseiseki .npz")
kk = 100
xx = seisekidata["x"][0:kk]
yy = seisekidata["y"][0:kk]
xx1 = np.array(xx[:,0]).T
xx2 = np.array(xx[:,1]).T
yy = np.array(yy).T
print("xx1 shape =", xx1.shape)
print("xx2 shape =", xx2.shape)
print("yy shape =", yy.shape)
# 確率勾配降下法により, 重みを計算
wwold1 = 0.0
wwold2 = 0.0
eta = 0.00017
for k, datak in enumerate(zip(xx1, xx2, yy)):
    x1 = datak[0]
    x2 = datak[1]
    y = datak[2]
    yesti = wwold1*x1+wwold2*x2
    error = y-yesti
    ww1 = wwold1+eta*error*x1
    ww2 = wwold2+eta*error*x2
    print("k={0:2d}  x1={1:3.0f}  x2={2:3.0f}  error ={3:10.6f}←
    ww1={4:10.6f}  ww2={5:10.6f}".format(k, x1, x2, error, ww1, ←
    ww2))
    wwold1 = ww1
    wwold2 = ww2
```

💬 **ソースコードの解説**

5:　sougouseiseki.npz からデータを読み込んで, seisekidata に代入します.

6:　使用するデータの行数 kk を 100 とします.

7:　配列 xx に, seisekidata の x 属性から kk 個を代入します.

8:　配列 yy に, seisekidata の y 属性から kk 個を代入します.

9:　配列 xx の 0 列目を取り出して行列とし, 行と列を入れかえて（転置して）, xx1 に代入します.

10:　配列 xx の 1 列目を取り出して行列とし, 転置して, xx2 に代入します.

11:　配列 yy を行列とし, 転置して, yy に代入します.

12:　行列 xx1 の行数, 列数を表示します.

13:　行列 xx2 の行数, 列数を表示します.

14:　行列 yy の行数, 列数を表示します.

16:　wwold1 の初期値に 0 を代入します.

17:　wwold2 の初期値に 0 を代入します.

18:　学習率 eta に 0.00017 を代入します.

19〜29:　for 文ブロック. 繰返し処理により, 重み ww の最適解を計算します.

19:　for 文. 配列 xx1, xx2, yy のセットから, 1 組の値を取り出して, 作業変数 k と datak に代入します.

20:　datak[0] を x1 に代入します.

21:　datak[1] を x2 に代入します.

22:　datak[2] を y に代入します.

23:　出力 yesti を計算します.

24:　誤差 error を計算します.

25:　重み ww1 を計算します.

26:　重み ww2 を計算します.

27:　繰返し番号 k, データ x1, x2, 誤差 error, 重み ww1, ww2 をファイル形式を指定して表示します.

28:　新旧交代. ww1 を wwold1 に代入します.

29:　新旧交代. ww2 を wwold2 に代入します.

▶️ **実行結果**

```
1  ......
2  （略）
3  ......
4  k=85  x1= 47  x2= 98  error=  0.000023  ww1=  0.449999  ww2=  0.550001
5  k=86  x1= 12  x2= 20  error= -0.000002  ww1=  0.449999  ww2=  0.550001
6  k=87  x1= 15  x2= 75  error= -0.000038  ww1=  0.449999  ww2=  0.550000
7  k=88  x1= 98  x2=  4  error=  0.000109  ww1=  0.450001  ww2=  0.550000
```

```
8  │ k=89  x1=  1  x2= 32  error= -0.000010  ww1=  0.450001  ww2=  0.550000
9  │ k=90  x1= 69  x2= 76  error= -0.000066  ww1=  0.450000  ww2=  0.549999
10 │ k=91  x1= 80  x2= 92  error=  0.000063  ww1=  0.450001  ww2=  0.550000
11 │ k=92  x1=  1  x2= 73  error= -0.000028  ww1=  0.450001  ww2=  0.550000
12 │ k=93  x1= 30  x2=  6  error= -0.000023  ww1=  0.450001  ww2=  0.550000
13 │ k=94  x1= 92  x2= 28  error= -0.000060  ww1=  0.450000  ww2=  0.550000
14 │ k=95  x1=  1  x2= 27  error=  0.000008  ww1=  0.450000  ww2=  0.550000
15 │ k=96  x1= 98  x2= 78  error=  0.000047  ww1=  0.450000  ww2=  0.550000
16 │ k=97  x1= 45  x2= 72  error= -0.000050  ww1=  0.450000  ww2=  0.550000
17 │ k=98  x1= 17  x2= 35  error=  0.000006  ww1=  0.450000  ww2=  0.550000
18 │ k=99  x1= 88  x2= 73  error=  0.000002  ww1=  0.450000  ww2=  0.550000
```

　繰返し処理の最後のあたりで，重み ww1 と ww2 の計算結果が当初，例題 3.1（50 ページ）で設定された値（中間試験の割合は 45%，期末試験の割合は 55%）にほぼ等しくなっていることがわかります．

　上記の実行結果では，重みの推定値が数値で確認できますが，より視覚的に学習の過程がわかるように，次に Matplotlib を用いて，2 乗誤差と重み（ww1, ww2）の折れ線グラフを作成します．

例題 3.3

例題 3.2 にさらに以下の仕様要求を追加しなさい．

1. 2 乗誤差–サンプルの折れ線グラフを作成して，PNG 形式でファイルに保存する．
2. 重み (ww1, ww2)–サンプルの折れ線グラフを作成して，PNG 形式でファイルに保存する．

ソースコード 3.4　ch3ex3.py

```python
1  # 確率勾配降下法による重み推定＋グラフ作成
2  import numpy as np
3  import matplotlib.pyplot as plt
4
5  # データを取得
6  seisekidata = np.load(" sougouseiseki .npz")
7  kk = 100
8  xx = seisekidata["x"][0:kk]
9  yy = seisekidata["y"][0:kk]
10 xx1 = np.array(xx[:, 0]).reshape((kk, 1))
11 xx2 = np.array(xx[:, 1]).reshape((kk, 1))
12 yy = np.array(yy).reshape((kk, 1))
```

```
13  print("xx1␣shape␣=", xx1.shape)
14  print("xx2␣shape␣=", xx2.shape)
15  print("yy␣shape␣=", yy.shape)
16  # 確率勾配降下法により，重みを計算
17  eta = 0.0002
18  error = np.empty(len(yy))
19  sqerr = np.empty(len(yy))
20  ww1 = np.empty(len(yy)+1)
21  ww2 = np.empty(len(yy)+1)
22  ww1[0] = 0.0
23  ww2[0] = 0.0
24  for k in range(kk):
25      x1 = float(xx1[k])
26      x2 = float(xx2[k])
27      y = float(yy[k])
28      yesti = ww1[k]*x1 + ww2[k]*x2
29      error[k] = y - yesti
30      sqerr[k] = error[k]*error[k]
31      ww1[k+1] = ww1[k] + eta*error[k]*x1
32      ww2[k+1] = ww2[k] + eta*error[k]*x2
33      print("k={0:2d}␣␣x1={1:3.0f}␣␣x2={2:3.0f}␣␣error={3:10.6f}␣␣←
            ww1={4:10.6f}␣␣ww2={5:10.6f}".format(k, x1, x2, error[k], ←
            ww1[k], ww2[k]))
34  # グラフを作成
35  x = np.arange(0, len(yy), 1)
36  plt.figure(figsize=(10, 6))
37  plt.plot(x, sqerr)
38  plt.title("Value␣of␣Squared␣Error", fontsize=20)
39  plt.xlabel("k", fontsize=16)
40  plt.ylabel("Squared␣error", fontsize=16)
41  plt.savefig("ch3ex3 fig 1.png")
42  plt.figure(figsize=(10, 6))
43  x = np.arange(0, len(yy)+1, 1)
44  plt.plot(x, ww1, color="red", linestyle="−", label="ww1")
45  plt.plot(x, ww2, color="blue", linestyle="−−", label="ww2")
46  plt.title("Value␣of␣Weights", fontsize=20)
47  plt.xlabel("k", fontsize=16)
48  plt.ylabel("Weight", fontsize=16)
49  plt.legend()
50  plt.savefig("ch3ex3 fig 2.png")
```

💬 ソースコードの解説

（例題 3.2 からの変更分のみ）

18:　空の配列 error を用意します．

19:　空の配列 sqerr を用意します．

20：　空の配列 ww1 を用意します.

21：　空の配列 ww2 を用意します.

22：　ww1[0] の値を 0.0 に設定します.

23：　ww2[0] の値を 0.0 に設定します.

29：　誤差を計算して, 配列 error に代入します.

30：　誤差の 2 乗を計算して, 配列 sqerr に代入します.

31：　重み 1 を計算して, 配列 ww1 に代入します.

32：　重み 2 を計算して, 配列 ww2 に代入します.

35〜50：　2 乗誤差と重みのグラフを作成します.

35：　横軸 x 用の配列を作成します. x の中身は $[0, 1, \ldots, \mathrm{len(yy)} - 1]$ になります.

36：　fig1 を作成します.

37：　配列 x と配列 sqerr のグラフを作成します.

38：　グラフの表題を「Value of Squared Error」とします.

39：　x 軸のラベルを「k」とします.

40：　y 軸のラベルを「Squared Error」とします.

41：　fig1 をファイルに保存します.

42：　fig2 を作成します.

43：　横軸 x 用の配列を作成します. x の中身は $[0, 1, \ldots, \mathrm{len(yy)}]$ になります.

44：　配列 x と配列 ww1 の折れ線グラフを作成します. 色は赤, 線種は実線, ラベルを ww1 に設定します.

45：　配列 x と配列 ww2 の折れ線グラフを作成します. 色は青, 線種は破線, ラベルを ww2 に設定します.

46：　グラフの表題を「Value of Weights」とします.

47：　x 軸のラベルを「k」とします.

48：　y 軸のラベルを「Weight」とします.

49：　凡例を表示します.

50：　fig2 をファイルに保存します.

▶ 実行結果

　図 **3.2** のように 2 乗誤差の折れ線グラフ, 図 **3.3** のように重みの折れ線グラフの PNG ファイルが作成されます.

3.6　ミニバッチ勾配降下法

　前節では, 1 つのデータサンプルの 2 乗誤差を損失関数として用いて, 確率的勾配降下法を示しました. しかし, 確率的なので, 繰り返すたびに, その場（そのとき）のデータしか使われません. その結果, 学習過程において, 目標に向かう重みベクト

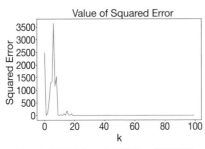

図 3.2　例題 3.3 の 2 乗誤差の学習曲線
（2 乗誤差–サンプルグラフ）

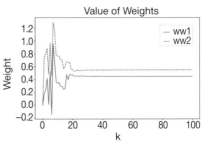

図 3.3　例題 3.3 の重みの学習曲線
（重み–サンプルグラフ）

ルの更新が少々不安定で，収束までの繰返し回数が多くなることがあります．

　すべてのデータサンプルではありませんが，現時点より過去にさかのぼって複数個のデータサンプルがあれば，それを利用して，損失関数をつくれば，複数個のデータサンプルからまとまった学習ができ，少し性能の改善につながるではないでしょうか．

　このような考え方にもとづき，次のように，過去の T 個のデータを取り出して，1 つの**ミニバッチ**（mini batch，小さな束）としてまとめ，その 2 乗和誤差を損失関数とします．

$$Q = \frac{1}{2} \sum_{t=1}^{T} (z^b(t) - \hat{z}^b(t))^2 \tag{3.10}$$

　このように，それぞれのミニバッチのデータを使って，線形結合器の重みを更新する方法を**ミニバッチ勾配降下法**といいます．

ポイント 3.2　ミニバッチ勾配降下法

　線形結合器で損失関数に 2 乗和誤差を採用したとき，重み $w_m\ (m = 1, 2, \ldots, M)$ の最適解は，以下の手順によって見つけることができる．
初期値：

$$w_m(0) = （適切な任意値） \tag{3.11}$$

繰返し処理：
$$\text{for } b = 0, 1, \ldots, \text{int}\left(\frac{K}{T}\right)$$

$$w_m(b+1) = w_m(b) + \eta \sum_{t=1}^{T} (z^b(t) - \hat{z}^b(t)) x_m^b(t) \tag{3.12}$$

ここで，b はミニバッチ番号である．

全部で K 個のデータからなるデータセットを，均等に $B = \mathrm{int}\left(\dfrac{K}{T}\right) (T \ll K)$ 個のミニバッチに分けています．

3.7 ミニバッチ勾配降下法による重みの最適解を求めるプログラム

前節で示したミニバッチ勾配降下法にもとづき，中間試験の成績，期末試験の成績が総合成績に占める割合を推定するプログラムに取り組んでみましょう．

例題 3.4

ミニバッチ勾配降下法を用いて，例題 3.3 と同じ仕様要求を実現しなさい．

ソースコード 3.5 ch3ex4.py

```python
 1  # ミニバッチ勾配降下法による重み推定 ＋ グラフ作成
 2  import numpy as np
 3  import matplotlib.pyplot as plt
 4
 5  # データを取得
 6  seisekidata = np.load(" sougouseiseki .npz")
 7  xx = seisekidata["x"]
 8  kk, mm = xx.shape
 9  print("kk=", kk)
10  print("mm=", mm)
11  kk = 1000
12  xx = seisekidata["x"][0:kk]
13  yy = seisekidata["y"][0:kk]
14  xx1 = np.array(xx[:, 0]).reshape((kk, 1))
15  xx2 = np.array(xx[:, 1]).reshape((kk, 1))
16  yy = np.array(yy).reshape((kk, 1))
17  print("xx1 shape =", xx1.shape)
18  print("xx2 shape =", xx2.shape)
19  print("yy shape =", yy.shape)
20  # 確率勾配降下法により，重みを計算
21  eta = 0.00002
```

```
22  tt = 10
23  bb = int(kk/tt)
24  error = np.empty(bb)
25  sqerr = np.empty(bb)
26  ww1 = np.empty(bb+1)
27  ww2 = np.empty(bb+1)
28  ww1[0] = 0.0
29  ww2[0] = 0.0
30  errorb = np.empty(tt)
31  for b in range(bb):
32      xx1b = xx1[b*tt:(b+1)*tt]
33      xx2b = xx2[b*tt:(b+1)*tt]
34      yyb = yy[b*tt:(b+1)*tt]
35      delta1 = 0.0
36      delta2 = 0.0
37      for t in range(tt):
38          k = b*tt+t
39          x1 = xx1b[t]
40          x2 = xx2b[t]
41          y = yyb[t]
42          yesti = ww1[b]*x1 + ww2[b]*x2
43          errorb[t] = y - yesti
44          delta1 = delta1 + errorb[t]*xx1b[t]
45          delta2 = delta2 + errorb[t]*xx2b[t]
46      error[b] = np.mean(errorb)
47      sqerr[b] = error[b]*error[b]
48      ww1[b+1] = ww1[b] + eta*delta1
49      ww2[b+1] = ww2[b] + eta*delta2
50      print("b={0:2d}␣error={1:10.6f}␣␣ww1={2:10.6f}␣␣↵
            ww2={3:10.6f}".format(b, error[b], ww1[b], ww2[b]))
51  # グラフを作成
52  x = np.arange(0, bb, 1)
53  plt.figure(figsize=(10, 6))
54  plt.plot(x, sqerr)
55  plt.title("Value␣of␣Squared␣Error", fontsize=20)
56  plt.xlabel("Batch", fontsize=16)
57  plt.ylabel("Squared␣Error", fontsize=16)
58  plt.savefig("ch3ex4 fig 1.png")
59  x = np.arange(0, bb+1, 1)
60  plt.figure(figsize=(10, 6))
61  plt.plot(x, ww1, color="red", linestyle="—", label="ww1")
62  plt.plot(x, ww2, color="blue", linestyle="——", label="ww2")
63  plt.title("Value␣of␣Weights", fontsize=20)
64  plt.xlabel("Batch", fontsize=16)
65  plt.ylabel("Weight", fontsize=16)
66  plt.legend()
67  plt.savefig("ch3ex4 fig 2.png")
```

💬 ソースコードの解説

（例題 3.3 からの変更分のみ）

21: 学習率 eta に 0.00002 を代入します.

22: ミニバッチあたりのデータ数 tt を 10 に設定します.

23: ミニバッチの数 bb を計算します.

24: 空の配列 error を用意します.

25: 空の配列 sqerr を用意します.

26: 空の配列 ww1 を用意します.

27: 空の配列 ww2 を用意します.

28: ww1 の初期値を 0 とします.

29: ww2 の初期値を 0 と設定します.

30: ミニバッチ内の誤差を計算するため，空の配列 errorb を用意します.

31〜50: 二重 for 文ブロック. 重み ww の最適解を計算します.

31: 外側の for 文. 作業変数 b はミニバッチ番号を表します.

32: b 番目のミニバッチの入力データ xx1 を xx1b に代入します.

33: b 番目のミニバッチの入力データ xx2 を xx2b に代入します.

34: b 番目のミニバッチの出力データ yy を yyb に代入します.

35: delta1 に 0 を代入します.

36: delta2 に 0 を代入します.

37: 内側の for 文. 作業変数 t はミニバッチ内のデータ番号を表します.

38: データの通し番号 k を計算します.

39: 時刻 t の入力データ x1 を用意します.

40: 時刻 t の入力データ x2 を用意します.

41: 時刻 t の出力データ y を用意します.

42: 線形結合器の出力 yesti を計算します.

43: 時刻 t の誤差 errorb を計算します.

44: ミニバッチ勾配降下法の変化量 delta1 を更新します.

45: ミニバッチ勾配降下法の変化量 delta2 を更新します.

46: errorb の平均値を計算して，error[b] に代入します.

47: error[b] の 2 乗を計算して，sqerr[b] に代入します.

48: ミニバッチ勾配降下法にしたがって，重み ww1 を計算します.

49: ミニバッチ勾配降下法にしたがって，重み ww2 を計算します.

50: b 番目のミニバッチにおける誤差 error，重み ww1，重み ww2 を表示します.

▶ 実行結果

```
 1   ......
 2   (略)
 3   ......
 4   b=90 error= -0.000000   ww1=  0.450000   ww2=  0.550000
 5   b=91 error=  0.000000   ww1=  0.450000   ww2=  0.550000
 6   b=92 error= -0.000000   ww1=  0.450000   ww2=  0.550000
 7   b=93 error=  0.000000   ww1=  0.450000   ww2=  0.550000
 8   b=94 error= -0.000000   ww1=  0.450000   ww2=  0.550000
 9   b=95 error=  0.000000   ww1=  0.450000   ww2=  0.550000
10   b=96 error= -0.000000   ww1=  0.450000   ww2=  0.550000
11   b=97 error= -0.000000   ww1=  0.450000   ww2=  0.550000
12   b=98 error=  0.000000   ww1=  0.450000   ww2=  0.550000
13   b=99 error= -0.000000   ww1=  0.450000   ww2=  0.550000
```

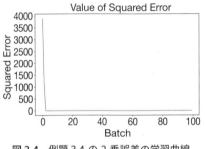

図 3.4　例題 3.4 の 2 乗誤差の学習曲線
（2 乗誤差–サンプルグラフ）

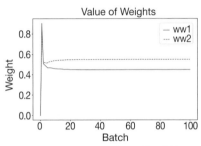

図 3.5　例題 3.4 の重みの学習曲線
（重み–サンプルグラフ）

　実行結果をみると，重み ww1 と ww2 の計算結果が例題 3.2 で得られた結果よりも正確な値になっていることがわかります．また，**図 3.4** を図 3.2 と，**図 3.5** を図 3.3 と比べてみれば，ミニバッチ勾配降下法のほうが，より安定した形で最適解に収束していくことがわかります．

演 習 問 題

問題 3.1　例題 3.1（50 ページ）のプログラムをもとに，以下の仕様変更を実現するプログラムを作成しなさい．

　　1.　総合成績に組み込むものを，小テスト 1，小テスト 2，中間試験，期末試験の 4 つに変更する．ただし，それぞれの成績の満点を 100 点とする．

2. 小テスト 1，小テスト 2，中間試験，期末試験の成績をそれぞれ 15%，15%，30%，40% の割合で取り込み，総合成績を算出する．

3. 小テスト 1，小テスト 2，中間試験，期末試験の成績の組合せを x，総合成績を y として seisekimatome.npz に保存する．

問題 3.2 例題 3.3（55 ページ）のプログラムをもとに，以下の仕様変更を実現するプログラムを作成しなさい．

1. 問題 3.1 で作成したデータファイル seisekimatome.npz を用いる．
2. 確率的勾配降下法を用いて，小テスト 1，小テスト 2，中間試験，期末試験の成績のそれぞれが総合成績に占める割合を算出して，表示する．

必要に応じて学習率 eta を調整すること．

問題 3.3 例題 3.4（59 ページ）のプログラムをもとに，以下の仕様変更を実現するプログラムを作成しなさい（これは問題 3.2 の確率勾配降下法をミニバッチ勾配降下法に変更したものとなる）．

1. 問題 3.1 で作成したデータファイル seisekimatome.npz を用いる．
2. ミニバッチ勾配降下法を用いて，小テスト 1，小テスト 2，中間試験，期末試験の成績のそれぞれが総合成績に占める割合を算出して，表示する．

必要に応じて学習率 eta を調整すること．

Column：「必要に応じて学習率 eta を調整」の意味

演習問題の問題文中の「必要に応じて学習率 eta を調整すること」について，補足します．

学習率 η は，重みの更新におけるステップの大きさを調整するパラメータです．一般には，その値を小さくすると，収束が遅くなります．一方，その値を大きくすると，収束が速くなります．けれども，その値が大きすぎると，収束しなくなる（発散してしまう）か，収束はするが，収束後の損失関数の値が比較的に大きくなります．

つまり，「必要に応じて学習率 eta を調整すること」とは，具体的にいうと，最初は収束するように学習率を小さめに設定して，収束が確認できれば，発散しない程度に，少しずつ学習率の値を大きくして，速く収束するように調整してくださいという意味です．

第4章

ニューラルネットワークの導入

前章までで，AI の学習のための基本システムが構築できました．次に，より高度な問題を解くことができるようにしていきましょう．これには，ニューラルネットワークを使うことになります．

本章では，単純パーセプトロンというもっとも簡単でやさしいニューラルネットワークについて説明します．まず単純パーセプトロンの構成を示してから，その学習アルゴリズムの1つである誤り訂正学習法を解説します．

さらに応用問題として，AND ゲートの学習問題を解くためのプログラム例を示します．

4.1　単純パーセプトロン

ニューラルネットワーク（Neural Network; NN）とは，そのまま日本語に訳すと「神経網」となるとおり，もともとは私たち人間の脳内にある多数のニューロン（neuron，神経細胞）の相互結合によって形成された神経系を表す用語です．

しかし，現在では，もっぱら「人間の脳神経系を模倣した人工的につくられたコンピュータ上の知能システム」を指す用語になっています．この先駆けは，1943 年にマカロック（Warren S. McCulloch）とピッツ（Walter Pitts）が発表した人工ニューロンモデル（artificial neuron model）とされています．その後，1958 年にローゼンブラット（F. Rosenblatt）によって，脳内における情報の保存と組織のモデルとして提案されたのが**パーセプトロン**（perceptron）です．あまり聞き慣れない用語かもしれませんが，ニューラルネットワークの基礎中の基礎となるので馴染んでいってください．

パーセプトロンは，複数の層[*1]をつないで全体を構成します．その基本ユニットとなるもっとも単純なパーセプトロンが**単純パーセプトロン**（simple perceptron）で

[*1]　ローゼンブラットの論文では，**域**（area）と呼ばれていましたが，現在は**層**（layer）が定着しています．

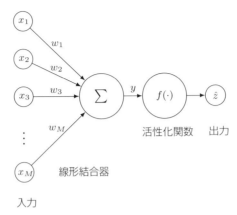

図 4.1 単純パーセプトロン

す．単純パーセプトロンの構成を**図 4.1** に示します．

　図 4.1 からもわかるように，単純パーセプトロンは，第 3 章で解説した線形結合器に活性化関数 $f(\cdot)$（次節で説明します）を接続してつくられたものです．その出力 $\hat{z}$ は以下のような計算式で表すことができます．

$$\hat{z} = f(y) = f(w_1 x_1 + w_2 x_2 + \cdots + w_M x_M) \tag{4.1}$$

4.2　活性化関数（その1）：ステップ関数

　活性化関数（activation function）も，マカロックとピッツによって提案されたモデルの一部を成すものです．当初は，人工ニューロンの内部にある刺激エネルギーが一定の値を超えた途端，非発火状態から発火状態に活性することを表すために，活性化関数と名づけられました．現在では，応用問題に対応して，多種多様な活性化関数が提案されており，活性化関数が表す状態は，必ずしも非発火状態と発火状態の 2 状態にかぎりません．

　ここでは，例えば，線形結合器を分類問題に応用するとしましょう．線形結合器の出力は，$(-\infty, \infty)$ の任意の連続値になりますが，あらかじめ決められた種類に分ける問題では，有限個のラベル番号（整数値）しか必要ありません．したがって，この場合には，線形結合器の連続値の出力を，有限個のラベル番号に変換するために，活性化関数を使うわけです．つまり，実際の応用問題における処理対象の数値的な特徴に合わせるために，線形結合器の出力を活性化関数に通して，単純パーセプトロンの出力にするわけです．

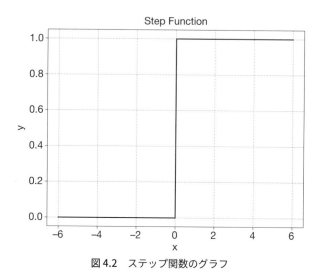

図4.2 ステップ関数のグラフ

　具体的に**2 値分類**[*2] (binary classification) 問題の場合では，最終結果として，ラベル 0 とラベル 1 を出してほしいのです．そのため，線形結合器の出力をラベル 0（整数 0）とラベル 1（整数 1）に変換することになります．このときには，式 (4.2) に示す**ステップ関数**[*3] (step function) が使われます．

$$y = u(x) = \begin{cases} 1 & (x \geq 0) \\ 0 & (x < 0) \end{cases} \tag{4.2}$$

　ステップ関数は，**図 4.2** のとおり，$x = 0$ を境に y が 0 から 1 に一気に変わります．このような 2 つの状態を分ける境界の値を**しきい値**[*4] (threshold) といいます．しかし，応用問題では，しきい値は必ず 0 という保証がありません．例えば，総合成績をつくるとき，合格ラインが 60 点であれば，しきい値は 60 になります．この場合は，総合成績から 60 を引いた後の値を使うようにすれば，ステップ関数がそのまま使えます．

[*2] **2 クラス分類**ともいいます．
[*3] **単位ステップ関数**（unit step function）ともいいます．
[*4] 家の外と中の境界となる門戸のしきい（敷居，閾）に見立てています．

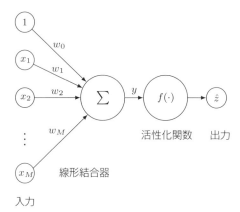

図 4.3 バイアスの加わった単純パーセプトロン

$$y = x - 60$$

$$z = u(y) = \begin{cases} 1 & (y \geq 0) \\ 0 & (y < 0) \end{cases} \tag{4.3}$$

さらに，単純パーセプトロンでは活性化関数の入力は線形結合器ですから次となります.

$$y = w_1 x_1 + w_2 x_2 + \cdots + w_M x_M - 60 \tag{4.4}$$

ここで，式 (4.4) の -60 を，**バイアス項** $w_0 x_0$（ただし，$x_0 = 1$）で置き換えれば，より一般的な形になります.

$$y = w_0 x_0 + w_1 x_1 + w_2 x_2 + \cdots + w_M x_M \tag{4.5}$$

この式 (4.5) は，線形結合器の定義式（式 (4.4)）に常に一定の値をとるバイアスを加えたものといえます（**図 4.3**）.

4.3 基本論理ゲートの学習問題

　ニューラルネットワークに関する研究の早期段階において，パーセプトロンによって基本論理ゲートを実現するという学習問題に成功して，最初の AI ブームが起こりました. ここでは，基本論理ゲートの学習問題について説明します.

4.3.1 基本論理ゲート

　基本論理ゲートとは，基本論理演算を実現する論理回路の素子のことです. **論理回路**

とは，論理信号（0 と 1 で表される 2 つの値しかない）を処理する電子回路のことです．論理回路では，基本論理ゲートを組み合わせて，いろいろな複雑な機能をつくり出すことができます．論理回路でつくられた数値演算デバイスやメモリ素子を使って，コンピュータがつくられています．

論理演算とは，真（true, 1 で表す）と偽（false, 0 で表す）の 2 つの値だけを用いて行われる演算のことです．その結果も真または偽のいずれかになります．基本論理演算には，AND（論理積）演算，OR（論理和）演算，NOT（論理否定）演算の 3 つがあります．これに対して，基本論理ゲートには，AND ゲート，OR ゲート，NOT ゲートの 3 種類があります．

AND ゲートとは，AND 演算を行う回路素子のことです．AND 演算の定義は以下のとおりです．

> **命題**[*5]x_1「かつ」命題 x_2 が真のとき，結果の命題 z が真となり，それ以外のとき偽となる．

このいい方が難しいと感じる人は，以下のようなたとえに置き換えてみると，わかりやすいかもしれません．

> あるうわさについて，村人 x_1 と村人 x_2 の「どちらも」が本当といったとき，そのうわさ（z）は「本当」である．それ以外のとき，そのうわさ（z）はうそである．

AND 論理ゲートの**真理値表**[*6]を**表 4.1** に，その記号を**図 4.4** に，そして論理式を式 (4.6) に示します．

$$z = x_1 \cdot x_2 \tag{4.6}$$

[*5]　正しい（真）または正しくない（偽）で判断できる主張のことです．一般に，主張は文章または数式で表されます．

[*6]　論理演算において，すべての入力の組合せに対する出力の値を示す表のことを真理値表と呼びます．

対して，**OR ゲート**とは，OR 演算を行う回路素子のことです．OR 演算の定義は以下のとおりです．

> 命題 x_1「または」命題 x_2 が真のとき，結果の命題 z が真となり，それ以外のとき偽となる．

このいい方が難しいと感じる人は，以下のようなたとえに置き換えてみると，わかりやすいかもしれません．

> あるうわさについて，村人 x_1 と村人 x_2 の「どちらか」本当といったとき，そのうわさ（z）は本当である．それ以外のとき，そのうわさ（z）はうそである．

OR ゲートの真理値表を**表 4.2** に，その記号を**図 4.5** に，そして論理式を式 (4.7) に示します．

$$z = x_1 + x_2 \tag{4.7}$$

表 4.1 AND ゲートの真理値表

入力		出力
x1	x2	z
0	0	0
0	1	0
1	0	0
1	1	1

図 4.4 AND ゲートを表す記号

表 4.2 OR ゲートの真理値表

入力		出力
x1	x2	z
0	0	0
0	1	1
1	0	1
1	1	1

図 4.5 OR ゲートを表す記号

表4.3 NOT ゲートの真理値表

入力	出力
x	z
0	1
1	0

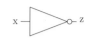

図4.6 NOT ゲートを表す記号

また，**NOT ゲート**とは，NOT 演算を行う回路素子のことです．NOT 演算の定義は以下のとおりです．

> 命題 z は命題 x の**否定**である（命題 x が偽のとき，結果の命題 z が真となり，命題 x が真のとき，結果の命題 z が偽となる）．

このいい方が難しいと感じる人は，以下のようなたとえに置き換えてみると，わかりやすいかもしれません．

> あるうわさについて，村人 x がうそといったとき，そのうわさ（z）は「本当」であり，村人 x が本当といったとき，そのうわさ（z）はうそである．

NOT ゲートの真理値表を**表4.3**に，その記号を**図4.6**に，そして論理式を式 (4.8) に示します．

$$z = \overline{x} \tag{4.8}$$

4.3.2　学習問題とは

基本論理ゲートの説明が少し長くなりましたが，次に，学習問題について説明します．一般に，**学習問題**（learning problem）とは，与えられた入力に対して，学習アルゴリズムによって，ニューラルネットワークの重みに学習させ，その出力を，できるだけターゲットのシステムと同じ出力にすることです．

つまり，学習がうまくいったとき，同じ入力に対して，ニューラルネットワークは，ターゲットのシステムと比べて，その出力の違いがほぼなくなるわけです．いいかえれば，学習によって，ニューラルネットワークが，ターゲットのシステムの中身を獲得できるようになります．また，その学習の結果は，ニューラルネットワークの重みに記憶されたことになります．

　さて，AND ゲートをターゲットのシステムとしたら，それと同じ入出力関係の単純パーセプトロンを見つけることはできるでしょうか．もう少し正確にいうと，AND ゲートと同じ入出力関係をもつ単純パーセプトロンの重みを見つけることはできるでしょうか．ターゲットの AND ゲートでは，入力が 2 つで，出力が 1 つですが，一般的にバイアス入力を導入する必要がありますので，学習に使う単純パーセプトロンの入力と出力を表す数式は，以下のようになります．

$$y = w_0 + w_1 x_1 + w_2 x_2$$

$$\hat{z} = u(y) = \begin{cases} 1 & (y \geq 0) \\ 0 & (y < 0) \end{cases} \tag{4.9}$$

　つまり，AND ゲートの学習問題においては，AND ゲートと同じ表 4.1 に示す入出力関係をもつように，式 (4.9) の重み w_0, w_1, w_2 を見つけることになります．

4.4　誤り訂正学習法

　先に第 2 章で，AI の学習アルゴリズムの基本形（33 ページ）を

　　(新たな学習成果) = (これまでの学習成果) + (目標に向かう修正量)

と説明しましたが，パーセプトロンを使って学習するとき，学習成果は重みの値になります．具体的には，k 回目の繰返しでは，「これまでの学習成果」は $w(k)$ となり，その次の「新たな学習成果」は $w(k+1)$ になります．また，「目標に向かう修正量」のほうも，学習の分量を調整するためのパラメータである**学習率**（learning rate）η と，修正量 Δ[*7]の積で表します．

　すなわち，単純パーセプトロンの学習アルゴリズムの基本形は以下となります．

$$w_m(k+1) = w_m(k) + \eta \Delta \tag{4.10}$$

　この修正量 Δ を求めることができれば，学習アルゴリズムは完成になります．

　まずは，修正量と出力の関係から考えてみましょう．一般には，単純パーセプトロンが誤った出力を出したときに，重みを修正するようなアプローチをとります．いいかえれば，修正量を計算するために，誤りから考えればよいでしょう．基本論理ゲートの学習問題のときは，入力と出力ともに 0 または 1 しかとらないので，出力に誤りがあるとき，次の 2 つの可能性しかありません．

[*7]　Δ は，ギリシャ文字 δ(デルタ) の大文字です．

1. 正解 $z(k) = 1$ であるのに，出力 $\hat{z}(k) = 0$.
2. 正解 $z(k) = 0$ であるのに，出力 $\hat{z}(k) = 1$.

1. のときは，出力 $\hat{z}(k)$ が正解 $z(k)$ より小さいので，重みを大きくすればよいでしょう．ここでは，$z(k) - \hat{z}(k) = 1 > 0$ ですから，これを既存の重みに足せば，重みがより大きくなります．つまり，修正量 $\Delta = z(k) - \hat{z}(k)$ となります．

対して，2. のときは，出力 $\hat{z}(k)$ が正解 $z(k)$ より大きいので，重みを小さくすればよいでしょう．しかし，$z(k) - \hat{z}(k) = -1 < 0$ ですから，これを既存の重みに足せば，重みがより小さくなります．つまり，修正量 $\Delta = z(k) - \hat{z}(k)$ となります．この結果は，1. のときと同じです．

この時点では，単純パーセプトロンの学習アルゴリズムは以下のような形になります．

$$w_m(k + 1) = w_m(k) + \eta(z(k) - \hat{z}(k)) \tag{4.11}$$

さらに，入力との関係から修正量について考えてみましょう．

式 (4.1) のとおり，m $(m = 1, \ldots, M)$ 番目の入力 $x_m(k)$ に重み $w_m(k)$ を乗じた項を，1 から M まですべて足し合わせたものが線形結合器の出力ですから，m 番目の入力が $x_m(k) = 0$ である場合，$w_m(k)$ の値にかかわらず，線形結合器の m 番目の項は

$$w_m(k)x_m(k) = 0$$

になります．このとき，重み $w_m(k)$ は出力に影響をおよぼさないので，重み $w_m(k)$ を調整する必要はありません．

いいかえると，式 (4.11) は，入力が $x_m(k) = 1$ であるときだけ，重み $w_m(k)$ を調整する必要があります．このような処理をつくるには，これまでの $\Delta = z(k) - \hat{z}(k)$ に入力 $x_m(k)$ を乗じて

$$\Delta = (z(k) - \hat{z}(k))\, x_m(k)$$

とすればよいでしょう．こうすることで，入力 $x_m(k) = 0$ のとき，修正量 $\Delta = 0$ となり，入力 $x_m(k) = 1$ のとき，修正量

$$\Delta = z(k) - \hat{z}(k)$$

となります．

ここまでの説明を全部まとめると，次に示す**誤り訂正学習法**（error correction learning）の学習アルゴリズムになります．

ポイント 4.1　　誤り訂正学習法

入力，出力ともに論理値 (0, 1) しかとらない単純パーセプトロンの重み w_m $(m = 1, 2, \ldots, M)$ の最適解は，次の手順によって見つけることができる.
初期値：

$$w_m(0) = (適切な任意値) \tag{4.12}$$

繰返し処理：
for $k = 0, 1, \ldots, K$:

$$w_m(k + 1) = w_m(k) + \eta(z(k) - \hat{z}(k))\, x_m(k) \tag{4.13}$$

4.5　学習プログラムを作成するときの注意点（その 1）

4.5.1　データを準備する

パーセプトロンを使ってニューラルネットワークで学習を行うには，まずはデータを用意する必要がありますが，このとき，以下の点に注意します.

1. ラベル付きデータを用意する．つまり，入力と出力が組になったデータを用意する.
2. 学習率を調整できるように，データサンプルを多めに用意する.
3. なるべく，考えられるすべてのパターンについて，ほぼ均等な数のデータサンプルを用意する.

例題 4.1

数値計算ライブラリ NumPy を用いて，以下の仕様要求を実現するプログラムを作成しなさい.

1. 乱数を用いて，AND ゲートの入力（論理値 (0, 1) の組）の配列 xx を生成する.
2. 配列 xx の各列を AND ゲートに入力したときの出力を配列 yy に入れる.
3. 配列 xx と配列 yy の値を npz 形式のファイルに保存する.

ソースコード 4.1　ch4ex1.py

```
 1  # ANDゲートの入出力データを作成
 2  import numpy as np
 3
 4  # データの数（行数）
 5  kk = 10000
 6  # 重みの数（列数）
 7  nn = 2
 8  # データ作成
 9  xx = np.random.randint(0,2, (kk, nn))
10  yy = xx[:, 0] & xx[:, 1]
11  # 作成したデータをnpzファイルに保存
12  filename = "andgate"+str(kk)+".npz"
13  np.savez(filename, x=xx, y=yy)
```

💬 **ソースコードの解説**

5:　データの数（行数）kk を 10000 に設定します.

7:　データの列数 nn を 2 とします.

9:　乱数で 0〜1 範囲内の整数を生成して, 配列 xx に代入します.

10:　配列 xx の 1 列目と 2 列目を AND を計算して, 配列 yy に代入します.

12:　出力を保存する npz 形式のファイルにファイル名をつけます.

13:　配列 xx と配列 yy を npz 形式のファイルに保存します.

▶ **実行結果**

データファイル andgate10000.npz が作成されます.

4.5.2　学習過程の終了条件

　AI も, 人間と同じく, よい学習を行うためにはなるべく多種多様で十分な量のデータを必要とします. しかし, ある程度, 学習が進んで, あまり大きな変化がみられなくなったら, やはり人間と同じく, その学習は終了としたほうが効率がよいでしょう. つまり, 必ずしも用意したデータを全部使い切る必要ありません. 実際には, あらかじめ設定しておいた条件（例えば, 目標にどれだけ近づけば終了とするかなど）が満たされるようになったときには, 学習を終了するほうが通常のやり方です. そうすると, 学習の繰返し過程において, 目標にどのぐらい近づけたかを評価するための指標（評価指標）が必要となります. ここでは, 学習状況の評価指標として, 平均誤りを使用します.

　なお, 基本論理ゲートでは, その出力が目標値 z, 単純パーセプトロンの出力が推測値 $\hat{z}$ になり, z も $\hat{z}$ も必ず 0 または 1 のどちらかになりますので, その差（＝誤

り）の絶対値 $|z - \hat{z}|$ は必ず 1 になります．したがって，誤りの絶対値の和が誤りの回数となります．これより，以下のように**平均誤り**（mean error）を求めることができます．

$$r = \frac{1}{N} \sum_{n=0}^{N-1} |z(k-n) - \hat{z}(k-n)| \tag{4.14}$$

N は対象となる学習回数であり，通常は直近の一定回数（例えば 100 回）とします．全学習期間を対象とすると，初期の誤りをずっと引きずってしまい，うまく学習状況を評価することができないので注意してください．

4.6　プログラム例：ANDゲートの学習問題

　単純パーセプトロンに誤り訂正学習法を組み合わせて，AND ゲートの学習を行うプログラムを実現します．

例題 4.2

数値計算ライブラリ NumPy を用いて，以下の仕様要求を実現するプロクラムを作成しなさい．

1. npz 形式のファイルを読み込み，データを配列 xx と配列 yy に保存する．
2. 配列 xx の 0 列目に定数 1 の列を追加する．
3. 以下の処理を繰り返す．
    1) 単純パーセプトロンの出力を求める．
    2) 誤りかどうかを確認する．
    3) 平均誤りを求める．
    4) 繰返し番号，AND ゲートの出力，および，単純パーセプトロンの出力と平均誤りを表示する．
    5) 平均誤りが許容値より小さい場合，繰返しを終了する．
    6) 誤り訂正学習法により重みを更新する．
4. 学習後の重みを表示する．

ソースコード 4.2　ch4ex2.py

```
1  # ANDゲートの誤り訂正学習
2  import numpy as np
3  import datetime
4
```

```python
 5  # 重みの学習
 6  def weightlearning(wwold, errork, xxk, eta):
 7      wwnew = wwold + eta*errork*xxk
 8
 9      return wwnew
10
11  # 線形結合器
12  def linearcombiner(ww, xxk):
13      y = np.dot(ww,xxk)
14
15      return y
16
17  # 平均誤り
18  def checkerrorrate(error, shiftlen, k):
19      if(k>shiftlen):
20          errorshift = np.abs(error[k+1-shiftlen:k])
21      else:
22          errorshift = np.abs(error[0:k])
23      errorave = np.average(errorshift)
24
25      return errorave
26
27  # ステップ関数
28  def stepfunction(x):
29      if x>=0:
30          return 1
31      else:
32          return 0
33
34  # メイン関数
35  def main():
36      eta = 5.0e-1
37      epsilon = 0.001
38      shiftlen = 100
39      # データを読み込む
40      andgatedata = np.load("andgate10000.npz")
41      xx = andgatedata["x"]
42      kk, nn = xx.shape
43      one = np.ones([kk,1])
44      xx = np.concatenate((one, xx), 1)
45      kk, nn = xx.shape
46      zztrue = andgatedata["y"]
47      print("zztrue size =", zztrue.shape)
48      # 繰り返し：学習過程
49      wwold = [0.0, 0.0, 0.0]
50      error = np.zeros(kk)
```

```
51        errorave = np.zeros(kk)
52        for k in range(kk):
53            yyk = linearcombiner(wwold, xx[k])
54            zzk = stepfunction(yyk)
55            error[k] = zztrue[k] - zzk
56            errorave[k] = checkerrorrate(error, shiftlen, k)
57            print("k={0}␣zztrue={1:.4f}␣zz={2:.4f}␣↩
                errorave={3:.8f}".format(k,zztrue[k],zzk,errorave[k]))
58            if(k>shiftlen and errorave[k]<epsilon):
59                break
60            wwnew = weightlearning(wwold, error[k], xx[k], eta)
61            wwold = wwnew
62        # 重みの学習結果を表示
63        print("重みの学習結果:␣w0=", wwold[0], "w1=", wwold[1], ↩
            "w2=", wwold[2])
64
65        return
66
67  # ここから実行
68  if __name__ == "__main__":
69        start_time = datetime.datetime.now()
70        main()
71        end_time = datetime.datetime.now()
72        elapsed_time = end_time-start_time
73        print("経過時間=", elapsed_time)
74        print("すべて完了␣!!! ")
```

💬 ソースコードの解説

6〜9：　重みを更新する関数を定義します.

6：　関数の定義文. 関数名を weightlearning とつけます. また, 引数として, 古い重み wwold, 誤り errork, 入力 xxk, 学習率 eta を指定します.

7：　誤り訂正学習法により, 新しい重みを計算します.

9：　return 文. 戻り値として, 新しい重み wwnew を指定します.

12〜15：　線形結合器の出力を求める関数を定義します.

12：　関数の定義文. 関数名を linearcombiner とつけます. また, 引数として, 重み ww, 入力 xxk を指定します.

13：　線形結合器の入出力に関する関係式により, 出力を求めます.

15：　return 文. 戻り値として, 出力 y を指定します.

18〜25：　平均誤りを計算する関数を定義します.

18：　関数の定義文. 関数名を checkerrorrate とつけます. また, 引数として, 誤り error, 評価対象の学習期間 shiftlen, 繰返し回数 k を指定します.

19〜22：　if 文ブロック. k が shiftlen より大きいときに, error の過去 shiftlen 個を

errorshift に入れます．そうでないときは，いままでの error の k 個を errorshift に入れます．

23:　errorshift の平均値を計算して，errorave に代入します．

25:　return 文．戻り値として，平均誤り errorave を指定します．

28～31:　ステップ関数を定義します．

28:　関数の定義文．関数名を stepfunction とつけます．また，引数として，変数 x を指定します．

29～33:　if 文ブロック．x が 0 より大きい，または等しいときに 1 を戻します．そうでないときは，0 を戻します．

35～65:　メイン関数を定義します．

35:　関数の定義文．関数名を main とつけます．

36:　学習率 eta の値を設定します．

37:　誤り平均の許容値 epsilon を設定します．

38:　評価対象の学習期間 shiftlen を設定します．

40:　npz 形式のファイルからデータを読み込んで，andgatedata に代入します．

41:　andgatedata の属性 x のデータを配列 xx に代入します．

42:　配列 xx の行数と列数を取得して，kk と nn に代入します．

43:　kk 行 1 列の定数 1 の配列 one を生成します．

44:　配列 one と配列 xx を横に結合して，xx を更新します．

45:　配列 xx の行数と列数を再度取得して，kk と nn に代入します．

46:　andgatedata の属性 y のデータを配列 zztrue に代入します．

47:　配列 zztrue のサイズを表示します．

49:　重みの初期値を代入します．

50:　配列 error に初期値 0 を代入します．

51:　配列 errorave に初期値 0 を代入します．

52～61:　for 文ブロック．作業変数 k は，$[0, 1, \ldots, kk - 1]$ から順次，値をとります．この部分がメインの処理です．

53:　linearcombiner() 関数を呼び出して，重み wwold と入力 xx[k] から，線形結合器の出力 yyk を計算します．

54:　stepfunction() 関数を呼び出して，yyk をステップ関数に入れた結果を zzk に代入します．

55:　誤り error を計算します．誤りがない場合は 0，誤りがある場合は 1 となります．

56:　checkerrorrate() 関数を呼び出して，誤りの平均値 errorave を計算します．

57:　出力形式を指定して，k, zztrue, zz, errorave を表示します．

58～59:　if 文ブロック．k が shiftlen より大きく，かつ，errorave が epsilon 小さくなったら，繰返しを中断します．

60: 　weightlearning() 関数を呼び出して，新しい重み wwnew を計算します.

61: 　新旧交代. wwnew を wwold に代入します.

63: 　重みに関する学習の結果を表示します.

65: 　return 文.

68〜74: 　if 文ブロック. main() 関数を呼び出して，合わせて実行時間を測定して表示します.

68: 　if 文. このプログラムが直接実行された場合にのみ，69〜74 行の処理を行います.

69: 　実行開始時間を取得します.

70: 　main() 関数を呼び出します.

71: 　実行終了時間を取得します.

72: 　実行経過時間を算出します.

73: 　実行経過時間を表示します.

74: 　「すべて完了!!!」を表示します.

▶ **ソースコード 4.2 の実行結果**

```
1   ......
2   (略)
3   ......
4   k=113 zztrue=0.0000 zz=0.0000 errorave=0.04040404
5   k=114 zztrue=0.0000 zz=0.0000 errorave=0.03030303
6   k=115 zztrue=0.0000 zz=0.0000 errorave=0.03030303
7   k=116 zztrue=1.0000 zz=1.0000 errorave=0.03030303
8   k=117 zztrue=0.0000 zz=0.0000 errorave=0.03030303
9   k=118 zztrue=1.0000 zz=1.0000 errorave=0.03030303
10  k=119 zztrue=0.0000 zz=0.0000 errorave=0.02020202
11  k=120 zztrue=0.0000 zz=0.0000 errorave=0.02020202
12  k=121 zztrue=1.0000 zz=1.0000 errorave=0.02020202
13  k=122 zztrue=1.0000 zz=1.0000 errorave=0.02020202
14  k=123 zztrue=0.0000 zz=0.0000 errorave=0.02020202
15  k=124 zztrue=1.0000 zz=1.0000 errorave=0.02020202
16  k=125 zztrue=0.0000 zz=0.0000 errorave=0.02020202
17  k=126 zztrue=0.0000 zz=0.0000 errorave=0.02020202
18  k=127 zztrue=0.0000 zz=0.0000 errorave=0.01010101
19  k=128 zztrue=1.0000 zz=1.0000 errorave=0.00000000
20  重みの学習結果: w0= -1.0 w1= 0.5 w2= 0.5
21  経過時間= 0:00:00.044790
22  すべて完了 !!!
```

繰返し処理が終了したときの重みは $w_0 = -1$, $w_1 = 0.5$, $w_2 = 0.5$ となりました. したがって，単純パーセプトロンで AND ゲートを実現すると，その計算式は以下であることがわかりました.

$$\hat{z} = u(y) = u(-1 + 0.5x_1 + 0.5x_2)$$

ここで，$u(\cdot)$ は，式 (4.2) で定義したステップ関数です.

例題 4.3

例題 4.2 のプログラムをもとに，さらに以下の追加仕様要求を実現するプログラムを作成しなさい．

1. 平均誤りの学習曲線（平均誤り–サンプルグラフ）を作成して，PNG 形式でファイルに保存する関数を定義する．
2. 重みの 学習曲線（重み–サンプルグラフ）を作成して，PNG 形式でファイルに保存する関数を定義する．
3. メイン関数で必要なデータを用意してから，上記のグラフを作成する関数を呼び出して，グラフを作成する．

ソースコード 4.3　ch4ex3.py

```python
# ANDゲートの誤り訂正学習 ＋ グラフ作成
import numpy as np
import matplotlib.pyplot as plt
import datetime

# 重みの学習
def weightlearning(wwold, errork, xxk, eta):
    wwnew = wwold + eta*errork*xxk

    return wwnew

# 線形結合器
def linearcombiner(ww, xxk):
    y = np.dot(ww,xxk)

    return y

# 平均誤り
def checkerrorrate(error, shiftlen, k):
    if(k>shiftlen):
        errorshift = np.abs(error[k+1-shiftlen:k])
    else:
        errorshift = np.abs(error[0:k])
    errorave = np.average(errorshift)

    return errorave

# ステップ関数
def stepfunction(x):
    if x>=0:
```

```
31        return 1
32    else:
33        return 0
34
35 # 平均誤りのグラフを作成
36 def plotevalerror(errorave, kk):
37    x = np.arange(0, kk, 1)
38    plt.figure(figsize=(10, 6))
39    plt.plot(x, errorave[0:kk])
40    plt.title("Average␣Error", fontsize=20)
41    plt.xlabel("k", fontsize=16)
42    plt.ylabel("Average␣error", fontsize=16)
43    plt.savefig("ch4ex3 fig 1.png")
44
45    return
46
47 # 重みのグラフを作成
48 def plotweights(ww0, ww1, ww2, kk):
49    x = np.arange(0, kk, 1)
50    plt.figure(figsize=(10, 6))
51    plt.plot(x, ww0[0:kk], color="red", linestyle="—", label="ww0")
52    plt.plot(x, ww1[0:kk], color="blue", linestyle="——", label="ww1")
53    plt.plot(x, ww2[0:kk], color="green", linestyle="-.", ←
          label="ww2")
54    plt.title("Weights", fontsize=20)
55    plt.xlabel("k", fontsize=16)
56    plt.ylabel("Weight", fontsize=16)
57    plt.legend()
58    plt.savefig("ch4ex3 fig 2.png")
59
60    return
61
62 # メイン関数
63 def main():
64    eta = 5.0e-1
65    epsilon = 0.001
66    shiftlen = 100
67    # データを読み込む.
68    andgatedata = np.load("andgate10000.npz")
69    xx = andgatedata["x"]
70    kk, nn = xx.shape
71    one = np.ones([kk,1])
72    xx = np.concatenate((one, xx), 1)
73    kk, nn = xx.shape
74    zztrue = andgatedata["y"]
75    print("zztrue␣size␣=", zztrue.shape)
```

```
76        # 繰返し：学習過程
77        wwold = [0.0, 0.0, 0.0]
78        error = np.zeros(kk)
79        errorave = np.zeros(kk)
80        ww = np.empty([kk,nn])
81        for k in range(kk):
82            yyk = linearcombiner(wwold, xx[k])
83            zzk = stepfunction(yyk)
84            error[k] = zztrue[k] - zzk
85            errorave[k] = checkerrorrate(error, shiftlen, k)
86            print("k={0} zztrue={1:.4f} zz={2:.4f} ←
                    errorave={3:.8f}".format(k, zztrue[k], zzk, errorave[k]))
87            if(k>shiftlen and errorave[k]<epsilon):
88                break
89            wwnew = weightlearning(wwold, error[k], xx[k], eta)
90            wwold = wwnew
91            ww[k,:] = wwold
92        # 重みの学習結果を表示
93        print("重みの学習結果: w0=", wwold[0], "w1=", wwold[1], ←
               "w2=", wwold[2])
94        plotevalerror(errorave, k)
95        plotweights(ww[:,0], ww[:,1], ww[:,2], k)
96
97        return
98
99    # ここから実行
100   if __name__ == "__main__":
101       start_time = datetime.datetime.now()
102       main()
103       end_time = datetime.datetime.now()
104       elapsed_time = end_time - start_time
105       print("経過時間=", elapsed_time)
106       print("すべて完了 !!! ")
```

💬 **ソースコードの解説**

36〜45:　平均誤りのグラフを作成して，PNG 形式でファイルに保存する関数を定義します.

36:　関数の定義文. 関数名を plotevalerror とつけます. また，引数として，平均誤り errorave，データ数 kk を指定します.

37:　横軸の x 用の配列を作成します. x の中身は $[0, 1, \ldots, kk - 1]$ になります.

38:　fig1 を作成します.

39:　配列 x と配列 errorave のグラフを作成します.

40:　グラフの表題を Average Error とします.

41:　x 軸のラベルを k に設定します.

42: y 軸のラベルを Average error に設定します.

43: fig1 をファイルに保存します.

45: return 文.

48〜60: 重みのグラフを作成して，PNG 形式でファイルに保存する関数を定義します.

48: 関数の定義文. 関数名を plotweights とつけます. また，引数として，重み ww0, ww1, ww2，データの数 kk を指定します.

49: 横軸 x 用の配列を作成します. x の中身は $[0, 1, \ldots, kk - 1]$ になります.

50: fig2 を作成します.

51: 配列 x と配列 ww0 のグラフを作成します. 色は赤，線種は実線，ラベルは ww0 に設定します.

52: 配列 x と配列 ww1 のグラフを作成します. 色は青，線種は破線，ラベルは ww1 に設定します.

53: 配列 x と配列 ww2 のグラフを作成します. 色は緑，線種は一点破線，ラベルは ww2 に設定します.

54: グラフの表題を Weights とします.

55: x 軸のラベルを k とします.

56: y 軸のラベルを Weight とします.

57: 凡例を表示します.

58: fig2 をファイルに保存します.

60: return 文.

80: 重みの学習過程を保存するための配列 ww を用意します.

94: plotevalerror() 関数を呼び出して，平均誤りの学習曲線（平均誤り–サンプルグラフ）を作成します.

95: plotweights() 関数を呼び出して，重みの学習曲線（重み–サンプルグラフ）を作成します.

▶ **実行結果**

図 4.7，図 4.8 に示すグラフが，それぞれ PNG 形式でファイルに保存されます.

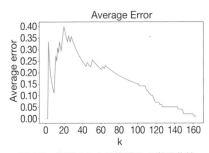
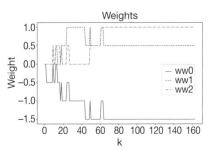

図 4.7   例題 4.3 の平均誤りの学習曲線
（平均誤り–サンプルグラフ）

図 4.8   例題 4.3 の重みの学習曲線
（重み–サンプルグラフ）

演 習 問 題

問題 4.1   例題 4.3（80 ページ）のプログラムをもとにして，以下の仕様変更を行い，単純パーセプトロンで OR ゲートを実現するプログラムを作成しなさい．

    1.   例題 4.1 を参照して，以下のように preparedata() 関数を定義する．

        引　数：データ数 kk

        機　能：OR ゲートの入力と出力の組を kk 組つくって，配列 orgatedata に保存する．

        戻り値：配列 orgatedata

    2.   preparedata() 関数を呼び出して，OR ゲートのデータを作成する．

問題 4.2   例題 4.3 のプログラムをもとにして，以下の仕様変更を行い，単純パーセプトロンで NOT ゲートを実現するプログラムを作成しなさい．

    1.   例題 4.1 を参照して，以下のように preparedata() 関数を定義する．

        引　数：データ数 kk

        機　能：NOT ゲートの入力と出力の組を kk 組つくって，配列 notgatedata に保存する．

        戻り値：配列 notgatedata

    2.   preparedata() 関数を呼び出して，NOT ゲートのデータを作成する．

## 第5章

ニューラルネットワークに
勾配降下法を適用する

第3章では，線形結合器に対して確率的勾配降下法を導入しました．第4章では，単純パーセプトロンに誤り訂正学習法を導入しました．続いて本章では，より一般的な入出力にも対応できるように，単純パーセプトロンに勾配降下法を適用していきます．

まず，新たな活性化関数として，シグモイド関数を導入します．そして，2種類の勾配降下法の学習アルゴリズム（確率的勾配降下法，ミニバッチ勾配降下法）による重みの更新式を示し，それぞれのプログラム例を示します．

5.1　活性化関数（その2）：シグモイド関数

第4章で扱った基本論理ゲートの学習問題では，入力および出力は論理値（0または1）しかとらないので，誤り訂正学習法を使えば，問題の解決ができます．しかし，より一般的な実数値の入力，出力を対応するためには，単純パーセプトロンに対して，勾配降下法を適用する必要があります．このとき，活性化関数を微分する必要があります．一方，第4章で使用したステップ関数は，$x = 0$において微分不可能なので，そのままでは，勾配降下法を使って重みの更新式が導出できなくなります．そこで，新たな活性化関数として，全域で微分可能な**シグモイド関数**（sigmoid function）[1]を採用します．

シグモイド関数 σ [2]の定義式を式 (5.1) に，そのグラフを**図 5.1** に示します．

$$\sigma(x) = \frac{1}{1 + e^{-x}} \tag{5.1}$$

シグモイド関数では，図 5.1 のとおり，入力 x が大きな負の値であるとき，出力 y の値はほぼ 0，また，入力 x が大きな正の値であるとき，出力 y の値はほぼ 1 になります．そして，入力 $x = 0$ の前後で，出力 y が急速に増大します．この特性を活かし

---

[1]　"sigmoid" は「S 字形の」を表す英単語です．

[2]　ギリシャ文字 σ は，シグマと読みます．

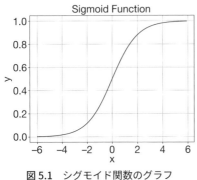

図 5.1　シグモイド関数のグラフ

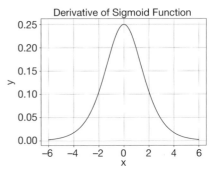

図 5.2　シグモイド関数の微分のグラフ

て，2 値分類問題を取り扱うとき，出力の形を整えるための活性化関数として採用されています．ただし，ステップ関数は $x = 0$ で微分できないのに対して，シグモイド関数はすべての x において微分できます．

また，式 (5.1) を微分すると，以下となります．

$$\sigma'(x) = \sigma(x)(1 - \sigma(x)) \tag{5.2}$$

シグモイド関数の微分では，**図 5.2** のとおり，$x = 0$ の周辺で y が比較的大きな値になりますが，それ以外ではほぼ 0 になります．

このように，シグモイド関数を活性化関数に使えば勾配降下法を適用することができるのですが，よく考えてみると，新たな問題が生じたようです．ステップ関数なら単純パーセプトロンの出力は 0 か 1 しかありませんから，そのまま論理演算の真と偽（または 2 値分類問題のラベル 1 とラベル 0）に対応させることができますが，シグモイド関数を使ったら，単純パーセプトロンの出力が連続値（0 から 1 までの実数値）となりますから，どのようにして真（ラベル 1）と偽（ラベル 0）に対応させるのかという問題が生じます．

この問題は，「出力の値は分類の確率である」と解釈することで解決します．具体例を用いて説明しましょう．リンゴの生産農家が，個々のリンゴの大きさ，重さと色を見て，出荷できる場合は「合格」，出荷できない場合は「不合格」と選別するとします．単純パーセプトロンにステップ関数を用いる場合は，その出力が 1 または 0 になりますので，簡単に出力の値を評価のラベル（1：合格，0：不合格）と意味付けすることができます．しかし，シグモイド関数を使うと，その出力は 0 から 1 までの実数値になります．ここで，出力の値を，「2 分類の中の，ラベル 1（合格）の発生確率」と解釈できます．つまり，出力の値を合格確率とします．**表 5.1** にいくつかの出力値

表 5.1　リンゴを選別する単純パーセプトロンの出力値の解釈例

出力値	解釈
0.99	合格の確率が非常に高い
0.75	合格の確率が高い
0.5	どちらともいえない
0.25	合格の確率が低い（不合格の確率が高い）
0.01	合格の確率が非常に低い（不合格の確率が非常に高い）

の解釈例を示します.

5.2　単純パーセプトロンに確率的勾配降下法を適用する

　それでは，単純パーセプトロンに確率的勾配降下法を適用していきましょう.
図 4.1（65 ページ）の単純パーセプトロンの構成図から，一般的な活性化関数 $f(\cdot)$ を
シグモイド関数 $\sigma(\cdot)$ に置き換えて，改めて図 5.3 に示します.

　このとき，単純パーセプトロンの出力 $\hat{z}$ は次の式で表すことができます.

$$\begin{aligned}
\hat{z} &= \sigma(y) \\
&= \sigma(w_1 x_1 + w_2 x_2 + w_3 x_3 + \cdots + w_M x_M)
\end{aligned} \tag{5.3}$$

これに確率的勾配降下法を適用します. ここで, 損失関数には次の 2 乗誤差を採用す
ることにします.

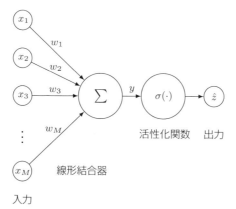

図 5.3　シグモイド関数を活性化関数に使った単純パーセプトロン

$$Q = \frac{1}{2}(z(k) - \hat{z}(k))^2 \tag{5.4}$$

この式 (5.4) を勾配降下法の基本形（式 (2.12)，式 (2.13)，40〜41 ページ）に導入すれば，単純パーセプトロンの確率的勾配降下法による重みの学習アルゴリズムが導かれます.

ポイント 5.1　　**単純パーセプトロンの確率的勾配降下法**

　損失関数に 2 乗誤差を採用したとき，単純パーセプトロンの重み w_m ($m = 1, 2, ..., M$) の最適解は，以下の手順によって見つけることができる.
初期値：

$$w_m(0) = (適切な任意値) \tag{5.5}$$

繰返し処理：
for $k = 0, 1, \ldots, K$:

$$w_m(k+1) = w_m(k) + \eta(z(k) - \hat{z}(k))\,\sigma'(y(k))\,x_m(k) \tag{5.6}$$

5.3　学習プログラムを作成するときの注意点（その 2）

5.3.1　入力データの正規化

　しかし，実際にシグモイド関数を活性化関数としてプログラムをつくってみると，重みの学習がうまく行われないことがしばしばあります. 重みが更新されない，または，あまり更新されない（更新の分量が少ない）といった問題が発生するのです.

　この原因の 1 つがシグモイド関数の微分にあります. $\sigma'(y(k))$ は，$x = 0$ の周辺では出力 y が比較的大きな値をとりますが，それ以外では出力 y が 0 に近くなります. これによって，$y(k)$ の絶対値（大きさ）が大きいと重みの更新量が小さくなってしまうのです.

　これを防ぐために，線形結合器の入力データの値を所定の範囲に収まるように変換します. これを**正規化**（normalization）といいます. 例えば，もとのデータが正の実数に散らばっている場合は $[0.0, 1.0]$，もとのデータが実数全体に散らばっている場合は $[-1.0, 1.0]$ に正規化します.

　正規化は，通常データから絶対値の最大値を見つけて，その値で各データを除することで実現できます. なお，Python のライブラリには，データセットを読み込むときに自動で正規化するかどうかを指定できるものもあります.

5.3.2 学習過程の終了条件

プログラムを実現するためには，学習を終了とする条件が必要です．第 4 章の AND ゲートの学習問題では平均誤りを学習の終了条件に用いましたが，これは活性化関数にステップ関数を用いていたため，出力が 0 か 1 しかとらないから可能でした．一方，活性化関数としてシグモイド関数を用いる場合，単純パーセプトロンの出力，つまり推定値が連続値になります．しかし，例えば，$((目標値) - (推定値))^2$ を用いて，推定値が目標値からどのぐらい離れているかを求め，これをあらかじめ設定しておいた基準と比較することで終了の条件とすることが可能です．

この $((目標値) - (推定値))^2$ でもよいのですが，学習ができていないのに，たまたま目標値と推定値が同じになって学習終了になってしまうようなことがあります．それを防ぐために，複数個の $((目標値) - (推定値))^2$ の平均値をとるようにします．また，もとの目標値または推定値と同じ量の次元となるようにしたほうが適切な終了の条件が見つけやすくなりますので，最後に平方根（ルート）をとるようにします．

したがって，学習の終了条件の評価指標として，次の **RMSE**（Root Mean Squared Error; **2 乗平均平方根誤差**）がよく使われます．

$$\text{RMSE} = \sqrt{\frac{1}{N} \sum_{n=0}^{N-1} (z(k-n) - \hat{z}(k-n))^2} \tag{5.7}$$

ここで，N は評価の対象となる学習の回数です．次節の例題では，直近の N 回の学習における RMSE が所定の許容値より小さくなったところで，学習を終了するとしています．

5.4 プログラム例：単純パーセプトロンの確率的勾配降下法

確率的勾配降下法を適用した単純パーセプトロンのプログラムをみていきます．学校で成績を評価するとき，総合成績が 60 点以上の場合は合格に，そうでない場合は不合格のように，総合評価を作成します．ここで，中間試験の成績と期末試験の成績から総合評価の「合格」または「不合格」を推定するという 2 値分類問題に取り組みます．

まず，準備段階として，中間試験の成績と期末試験の成績を組み合わせた総合成績から，総合評価の合否のデータを作成します．

例題 5.1

以下の仕様要求を実現するプログラムを作成しなさい.

1. 乱数を用いて, 中間試験の成績と期末試験の成績を生成する.
2. 中間試験の成績の占める割合を 45%, 期末試験の成績の占める割合を 55% として, 総合成績を算出する.
3. 総合成績が 60 点以上のときは合格 (ラベルを 1 とする), そうでないときは不合格 (ラベルを 0 とする) とする.
4. 中間試験の成績, 期末試験の成績, 総合評価 (ラベル) の順にファイルに書き出す.

ソースコード 5.1　ch5ex1.py

```python
1  # 中間試験と期末試験を乱数で生成, 総合評価を作成
2  import numpy as np
3
4  # データの行数
5  kk = 10000
6  # データの列数
7  nn = 2
8  # データを作成
9  xx = np.random.randint(0,101, (kk, nn))
10 yy = 0.45*xx[:,0] + 0.55*xx[:,1]
11 zz = np.where(yy>=60, 1, 0)
12 # 作成したデータをnpzファイルに保存
13 np.savez("sougouhyouka.npz", x=xx, y=zz)
```

💬 ソースコードの解説

5:　作成するデータの行数 kk を 10000 とします.

7:　作成するデータの列数 nn を 2 とします.

9:　乱数で 0〜100 の範囲内の整数を生成して, 配列 xx に代入します

10:　配列 xx の 0 列目の占める割合を 45%, 配列 xx の 1 列目の占める割合を 55% として, 総合成績を算出して配列 yy に代入します.

11:　配列 yy の値が 60 以上のとき, 配列 zz に 1, そうでないとき, 配列 zz に 0 を代入します.

13:　配列 xx, 配列 zz の値を sougouhyouka.npz に書き出します.

▶ 実行結果

sougouhyouka.npz という名前のファイルが作成されます.

例題 5.2

数値計算ライブラリ NumPy を用いて，以下の仕様要求を実現するプログラム
を作成しなさい．

1. 総合評価の npz 形式のファイルを読み込み，データの正規化を行って配
   列に保存する．
2. 以下の処理を繰り返して学習を進める．
   1) 単純パーセプトロンの出力を求める．
   2) 誤差を計算する．
   3) 学習の評価を行うために RMSE を計算する．
   4) 繰返し番号，正解の評価，単純パーセプトロンによる評価，RMSE
      を表示する．
   5) RMSE が与えられた許容値より小さくなったとき，繰返しを終了
      する．
   6) 確率的勾配降下法により重みを更新する．
3. 繰返し終了後，以下の処理を行う．
   1) 学習結果の重みを表示する．
   2) RMSE の学習曲線（RMSE–サンプルグラフ）を作成して，PNG 形
      式でファイルに保存する．
   3) 重みの学習曲線（重み–サンプルグラフ）を作成して，PNG 形式で
      ファイルに保存する．

ソースコード 5.2　ch5ex2.py

```python
# 総合評価の成績データに確率勾配降下法 + グラフ作成
import numpy as np
import matplotlib.pyplot as plt
import datetime

# シグモイド関数
def sigmoid(x):
    s = 1/(1 + np.exp(-x))

    return s

# データの用意
def preparedata(datafilename):
    # データを読み込む．
    data = np.load(datafilename)
    #print(data.files)
```

```
17      # データxxの正規化
18      xxmax = np.amax(data["x"])
19      xx = data["x"]/xxmax
20      zztrue = data["y"]
21      kk, mm = xx.shape
22      one = np.ones([kk,1])
23      onexx = np.concatenate((one, xx), 1)
24
25      return(onexx, zztrue)
26
27  # 重みの学習
28  def weightlearning(wwold, errork, xxk, yyk, eta):
29      s = sigmoid(yyk)
30      wwnew = wwold + eta*errork*xxk*s*(1-s)
31
32      return wwnew
33
34  # 線形結合器
35  def linearcombiner(ww, xxk):
36      y = np.dot(ww,xxk)
37
38      return y
39
40  # 誤差の評価
41  def evaluateerror(error, shiftlen, k):
42      if(k>shiftlen):
43          errorshift = error[k+1-shiftlen:k]
44      else:
45          errorshift = error[0:k]
46      evalerror = np.sqrt(np.dot(errorshift, ←
        errorshift)/len(errorshift))
47
48      return evalerror
49
50  # グラフを作成
51  def plotevalerror(evalerror, kk):
52      x = np.arange(0, kk, 1)
53      plt.figure(figsize=(10, 6))
54      plt.plot(x, evalerror[0:kk])
55      plt.title("Root Mean Squared Error", fontsize=20)
56      plt.xlabel("k", fontsize=16)
57      plt.ylabel("RMSE", fontsize=16)
58      plt.savefig("ch5ex2 fig 1.png")
59
60      return
61
```

```
62   # メイン関数
63   def main():
64       eta = 30.0
65       shiftlen = 100
66       epsilon = 0.05
67       # データを用意
68       xx, zztrue = preparedata("sougouhyouka.npz")
69       kk, mm = xx.shape
70       print("kk=", kk)
71       print("mm=", mm)
72       wwold = np.zeros(mm)
73       error = np.zeros(kk)
74       evalerror = np.zeros(kk)
75       # 繰返し：学習過程
76       for k in range(kk):
77           yyk = linearcombiner(wwold, xx[k])
78           zzk = sigmoid(yyk)
79           error[k] = zztrue[k] - zzk
80           evalerror[k] = evaluateerror(error, shiftlen, k)
81           print("k={0}⎵zztrue={1:.4f}⎵zz={2:.4f}⎵←
               RMSE={3:.8f}".format(k, zztrue[k], zzk, evalerror[k]))
82           if(k>shiftlen and evalerror[k]<epsilon):
83               break
84           wwnew = weightlearning(wwold, error[k], xx[k], yyk, eta)
85           wwold = wwnew
86       # 重みの学習結果を表示
87       print("重みの学習結果:")
88       for m in range(mm):
89           print("w{0}={1:.8f}".format(m, wwold[m]))
90       plotevalerror(evalerror, k)
91
92       return
93
94   # ここから実行
95   if __name__ == "__main__":
96       start_time = datetime.datetime.now()
97       main()
98       end_time = datetime.datetime.now()
99       elapsed_time = end_time - start_time
100      print("経過時間=", elapsed_time)
101      print("すべて完了⎵!!! ")
```

💬 ソースコードの解説

7～10:　シグモイド関数を定義します.

7:　関数の定義文. 関数名を sigmoid とつけます. また, 引数として, 変数 x を指定します.

8:　変数 x のシグモイド関数を計算して，変数 s に代入します．

10:　return 文．戻り値として，変数 s を指定します．

13〜25:　学習に使用するデータを生成するための関数を定義します．

13:　関数の定義文．関数名を preparedata とつけます．また，引数として，データファイル名を指定します．

15:　与えられた npz 形式のファイルからデータを読み込んで，data に代入します．

16:　npz 形式のファイル中から，データの属性名を表示します．

18:　data の x 属性から最大値を取得して，xxmax に代入します．

19:　data の x 属性を正規化（xxmax で除算）して，xx に代入します．

20:　data の y 属性を取得して，zztrue に代入します．

21:　xx のサイズを取得して，kk と mm に代入します．

22:　配列 one を生成します．その（全要素）＝ 1 になります．

23:　配列 one と配列 xx を横に結合して，バイアスが含まれる入力データ配列 onexx をつくります．

25:　return 文．戻り値として，配列 onexx, 配列 zztrue を指定します．

28〜32:　重みを更新する関数を定義します．

28:　関数の定義文．関数名を weightlearning とつけます．また，引数として，古い重み wwold, 誤差 errork, 入力 xxk, 線形結合 yyk, 学習率 eta を指定します．

29:　シグモイド関数の微分値を取得します．

30:　重みの更新式（式 (5.6)）によって，新しい重みを計算します．

32:　return 文．戻り値として，新しい重み wwnew を指定します．

41〜48:　学習の評価を行うために RMSE を計算する関数を定義します．

41:　関数の定義文．関数名を evaluateerror とつけます．また，引数として，誤差 error, 評価対象期間 shiftlen, 繰返し回数 k を指定します．

42〜45:　if 文ブロック．k が shiftlen より大きいときは，error の過去 shiftlen 個を errorshift に入れます．そうでないときは，いままでの error の k 個を errorshift に入れます．

46:　errorshift の RMSE を計算して，evalerror に代入します．

48:　return 文．戻り値として evalerror を指定します．

63〜92:　メイン関数を定義します．

63:　関数の定義文．関数名を main とつけます．

64:　学習率 eta の値を設定します．

65:　評価対象とする期間 shiftlen の値を設定します．

66:　許容値 epsilon を設定します．

68:　preparedata() 関数を呼び出して，受け取ったデータを配列 xx, 配列 zztrue に代入します．

69～71： 配列 xx の行数と列数を kk と mm に代入して，表示します．

72： 重み wwold を初期値 0 で作成します．

73： 配列 error を初期値 0 で作成します．

74： 配列 evalerror を初期値 0 で作成します．

76～85： for 文ブロック．この部分がメインの処理となります．

76： for 文．作業変数 k は $[0, 1, \ldots, kk - 1]$ から順次，値をとります．

77： linearcombiner() 関数を呼び出して，重み wwold と入力 xx[k] から，線形結合器の出力 yyk を計算します．

78： sigmoid() 関数を呼び出して，yyk のときの，シグモイド関数の値を zzk に代入します．

79： 誤差 error を計算します．

80： evaluateerror() 関数を呼び出して，RMSE を計算します．

81： 出力形式を指定して k, zztrue, zz, evalerror を表示します．

82～83： if 文ブロック．k が shiftlen より大きく，かつ，evalerror が epsilon より小さくなったら，繰返しを中止します．

84： weightlearning() 関数を呼び出して，新しい重み wwnew を計算します．

85： 新旧交代．wwnew を wwold に代入します．

87～89： 重みの学習の結果を表示します．

90： plotevalerror() 関数を呼び出して，RMSE の学習曲線（RMSE–サンプルグラフ）を作成します．

92： return 文．

▶ **実行結果**

```
 1   ......
 2   （略）
 3   ......
 4   k=3235 zztrue=0.0000 zz=0.0000 RMSE=0.14021966
 5   k=3236 zztrue=0.0000 zz=0.0000 RMSE=0.14021966
 6   k=3237 zztrue=0.0000 zz=0.0000 RMSE=0.14021966
 7   k=3238 zztrue=0.0000 zz=0.0000 RMSE=0.14021966
 8   k=3239 zztrue=0.0000 zz=0.0000 RMSE=0.14021141
 9   k=3240 zztrue=0.0000 zz=0.0000 RMSE=0.14021141
10   k=3241 zztrue=1.0000 zz=0.9998 RMSE=0.14021141
11   k=3242 zztrue=0.0000 zz=0.0000 RMSE=0.09826036
12   k=3243 zztrue=0.0000 zz=0.0000 RMSE=0.09826036
13   k=3244 zztrue=0.0000 zz=0.0000 RMSE=0.09826036
14   k=3245 zztrue=0.0000 zz=0.0000 RMSE=0.03877060
15   重みの学習結果:
16   w0=-45.17347127
17   w1=35.17845339
18   w2=39.83516807
19   経過時間= 0:00:00.584923
20   すべて完了 !!!
```

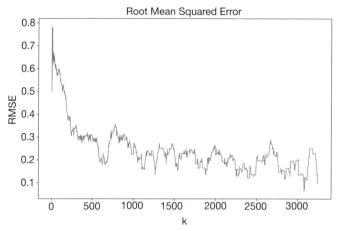

図 5.4　例題 5.2 の RMSE の学習曲線（RMSE–サンプルグラフ）

5.5　単純パーセプトロンにミニバッチ勾配降下法を適用する

　次に，ミニバッチ勾配降下法（3.6 節参照）を単純パーセプトロンに適用してみましょう．活性化関数にはシグモイド関数を使用することにします．

ポイント 5.2　　単純パーセプトロンのミニバッチ勾配降下法

　損失関数にミニバッチ 2 乗和誤差を採用したとき，単純パーセプトロンの重み w_m $(m = 1, 2, ..., M)$ の最適解は，以下の手順によって見つけることができる．
初期値：

$$w_m(0) = (適切な任意値) \tag{5.8}$$

繰返し処理：
for $b = 0, 1, \ldots, \mathrm{int}\left(\dfrac{K}{T}\right)$:

$$w_m(b+1) = w_m(b) + \eta \sum_{t=1}^{T}(z^b(t) - \hat{z}^b(t))\,\sigma'(y^b(t))\,x_m^b(t) \tag{5.9}$$

ここで，b はバッチ番号を表す．

5.6　プログラム例：単純パーセプトロンのミニバッチ勾配降下法

ミニバッチ勾配降下法を適用した単純パーセプトロンのプログラムをみていきます．

例題 5.3

ミニバッチ勾配降下法を用いて，例題 5.2 と同じ仕様要求を実現しなさい．

例題 5.2 のソースコードから，重みの学習を行う関数とメイン関数を書き直して，ch5ex3.py を作成します．以下では，変更した 2 つの関数のみ，示します[3]．

ソースコード 5.3　ch5ex3.py の重みの学習を行う関数とメイン関数

```
1    # 重みの学習(ミニバッチ勾配降下法)
2    def weightlearning_batch(wwold, errorb, xxb, yyb, eta):
3        delta = 0.0
4        for t in range(len(errorb)):
5            s = sigmoid(yyb[t])
6            delta = delta + errorb[t]*xxb[t]*s*(1-s)
7        wwnew = wwold + eta*delta
8
9        return wwnew
10
11   # メイン関数
12   def main():
13       # 基本パラメータの設定
14       eta = 20
15       shiftlen = 100
16       epsilon = 0.05
17       tt = 10
18       # データを用意する
19       xx, zztrue = preparedata("sougouhyouka.npz")
20       kk, mm = xx.shape
21       print("kk=", kk)
22       print("mm=", mm)
23       wwold = np.zeros(mm)
24       error = np.zeros(kk)
25       evalerror = np.zeros(kk)
26       bb = int(kk/tt)
27       xxb = np.empty([tt,mm])
```

---
[3]　ソースコード 5.3 の行番号は，「ソースコードの解説」と対応をとるためのものです．ch5ex3.py 全体のソースコードの行番号とは一致しません．

```
28        yyb = np.empty(tt)
29        errorb = np.empty(tt)
30        evalerrorbb = np.empty(bb)
31        breakflag = 0
32        # メイン繰返し：学習過程
33        for b in range(bb):
34            xxb = xx[b*tt:(b+1)*tt]
35            for t in range(tt):
36                k = b*tt+t
37                yyb[t] = linearcombiner(wwold, xxb[t])
38                zzbt = sigmoid(yyb[t])
39                error[k] = zztrue[k] - zzbt
40                evalerror[k] = evaluateerror(error, shiftlen, k)
41                print("k={0}␣zztrue={1:.4f}␣zz={2:.4f}␣↵
                      RMSE={3:.8f}".format(k, zztrue[k], zzbt, evalerror[k]))
42                if(k>shiftlen and evalerror[k]<epsilon):
43                    breakflag = 1
44                    break
45            errorb = error[b*tt:(b+1)*tt]
46            evalerrorbb[b] = evalerror[k]
47            print("Batch␣>>>␣b={0}␣RMSE={1:.8f}".format(b, ↵
                  evalerrorbb[b]))
48            if breakflag == 1:
49                break
50            wwnew = weightlearning_batch(wwold, errorb, xxb, yyb, eta)
51            wwold = wwnew
52        # 重みの学習結果を表示
53        print("重みの学習結果：")
54        for m in range(mm):
55            print("w{0}={1:.8f}".format(m, wwold[m]))
56        plotevalerror(evalerrorbb, b)
57
58        return
```

💬 ソースコードの解説

（ミニバッチ勾配降下法によって重みの更新を行う関数）

2～9: 重みを更新する関数を定義します．

2: 関数の定義文．関数名を weightlearning_batch とつけます．

3: バッチ全体の修正量 delta に 0 を代入します．

4～6: for 文ブロック．バッチ全体の修正量 delta を求めます．

4: for 文．バッチサイズの回数だけ繰り返します．

5: シグモイド関数の値を取得します．

6: データごとの修正量を delta に足します．

7: ミニバッチ勾配降下法により，新しい重みを計算します.

9: return 文. 戻り値として，新しい重み wwnew を指定します.

（メイン関数）

12〜59: メイン関数を定義します.

12: 関数の定義文. 関数名を main とつけます.

14: 学習率 eta の値を設定します.

15: 評価の対象とする期間 shiftlen の値を設定します.

16: 許容値 epsilon を設定します.

17: バッチサイズ tt に 25 を代入します.

19: preparedata() 関数を呼び出して，受け取ったデータを配列 xx, 配列 zztrue に代入します.

20〜22: 配列 xx の行数と列数を kk と mm に代入して，表示します.

23: 重み wwold を初期値 0 で作成します.

24: 配列 error を初期値 0 で作成します.

25: 配列 evalerror を初期値 0 で作成します.

26: バッチの繰返し回数 bb を計算します.

27: バッチ内の入力データ用の配列 xxb を空で作成します.

28: バッチ内の線形結合データ用の配列 yyb を空で作成します.

29: バッチ内のエラーデータ用の配列 errorb を空で作成します.

30: 繰返し終了を評価するための配列 evalerrorbb を空で作成します.

31: 繰返し中止用のフラグ breakflag に 0 を代入します.

33: for 文. バッチ番号 b だけ繰り返します.

34: 入力データの配列 xx から，バッチに必要な分のデータを取り出して，xxb に代入します.

35: for 文. バッチ内部のデータ番号 t だけ繰り返します.

36: 全体のデータ番号 k を計算します.

37: perceptron() 関数を呼び出して，重み wwold と入力 xxb[t] から，線形結合器の出力 yyb[t] を計算します.

38: sigmoid() 関数を呼び出して，yyb[t] のときのシグモイド関数の値を zzbt に代入します.

39: 誤差 error を計算します.

40: evaluateerror() 関数を呼び出して，RMSE を計算します.

41: 出力形式を指定して k, zztrue, zz, evalerror を表示します.

42〜44: if 文ブロック. shiftlen < k かつ evalerror < epsilon となったとき，breakflag に 1 をセットして，t の繰返しから抜け出します.

45: 配列 error からバッチ内のエラーを取り出して，errorb に代入します．

46: 配列 evalerror からバッチ終了時の RMSE を取り出して，evalerrorbb に代入します．

47: バッチの番号とその RMSE を表示します．

48〜49: if 文ブロック．breakflag が 1 のとき，b の繰返しから抜け出します．

50: weightlearning_batch() 関数を呼び出して，新しい重み wwnew を計算します．

51: 新旧交代．wwnew を wwold に代入します．

53〜55: 重みの学習結果を表示します．

56: plotevalerror() 関数を呼び出して，RMSE の学習曲線（RMSE–バッチグラフ）を作成します．

58: return 文．

▶ **実行結果**

```
1   . . . . . .
2   （略）
3   . . . . . .
4   k=5350 zztrue=0.0000 zz=0.0000 RMSE=0.10388860
5   k=5351 zztrue=0.0000 zz=0.0044 RMSE=0.10388860
6   k=5352 zztrue=0.0000 zz=0.0196 RMSE=0.10388953
7   k=5353 zztrue=0.0000 zz=0.0050 RMSE=0.10388991
8   k=5354 zztrue=0.0000 zz=0.0000 RMSE=0.10389111
9   k=5355 zztrue=0.0000 zz=0.0000 RMSE=0.10389110
10  k=5356 zztrue=1.0000 zz=0.9794 RMSE=0.10389110
11  k=5357 zztrue=1.0000 zz=1.0000 RMSE=0.10391180
12  k=5358 zztrue=0.0000 zz=0.0000 RMSE=0.10391180
13  k=5359 zztrue=1.0000 zz=0.9770 RMSE=0.10391072
14  Batch >>> b=535 RMSE=0.10391072
15  k=5360 zztrue=1.0000 zz=0.9960 RMSE=0.10393636
16  k=5361 zztrue=0.0000 zz=0.0000 RMSE=0.10393714
17  k=5362 zztrue=1.0000 zz=1.0000 RMSE=0.10393714
18  k=5363 zztrue=1.0000 zz=1.0000 RMSE=0.10393714
19  k=5364 zztrue=0.0000 zz=0.0000 RMSE=0.10393714
20  k=5365 zztrue=1.0000 zz=0.8511 RMSE=0.10393714
21  k=5366 zztrue=0.0000 zz=0.0000 RMSE=0.09851304
22  k=5367 zztrue=1.0000 zz=0.9994 RMSE=0.04261306
23  Batch >>> b=536 RMSE=0.04261306
24  重みの学習結果:
25  w0=-43.13747387
26  w1=33.69808858
27  w2=40.81891071
28  経過時間= 0:00:00.870869
29  すべて完了 !!!
```

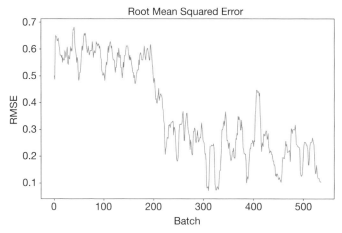

図 5.5　例題 5.3 の RMSE の学習曲線（RMSE–バッチグラフ）

演 習 問 題

問題 5.1　例題 5.1（90 ページ）のプログラムをもとに，以下の仕様要求を実現するプログラムを作成しなさい．

> 1. 小テスト 1，小テスト 2，中間試験，期末試験をそれぞれ 15%，15%，30%，40% の割合として，総合成績 y を算出する．そして，総合成績 $60 \leq y$ のとき評価 $z = 1$（合格），そうでないとき，評価 $z = 0$（不合格）として，2 つのグループに分ける．
> 2. 小テスト 1，小テスト 2，中間試験，期末試験を，ベクトル **x** として，総合評価を z として，sougouhyouka.npz に保存する．

問題 5.2　例題 5.2（91 ページ）のプログラムをもとに，問題 5.1 で作成したデータファイル sougouhyouka.npz を用いて，以下の仕様要求を実現するプログラムを作成しなさい．

> 1. 確率的勾配降下法により，単純パーセプトロンの重みを計算して表示する．必要に応じて学習率 η を調整すること．
> 2. RMSE の学習曲線（RMSE–サンプルグラフ）と重みの学習曲線（重み–サンプルグラフ）をそれぞれ作成して，PNG 形式でファイルに保存する．

問題 5.3　例題 5.3（97 ページ）のプログラムをもとに，問題 5.1 で作成したデータファ

イル sougouhyouka.npz を用いて，以下の仕様要求を実現するプログラムを
作成しなさい．

1. ミニバッチ勾配降下法により，単純パーセプトロンの重みを計算して
   表示する．必要に応じて学習率 η を調整すること．
2. RMSE の学習曲線（RMSE–バッチグラフ）と重みの学習曲線（重
   み–バッチグラフ）をそれぞれ作成して，PNG 形式でファイルに保存
   する．

Column：ニューラルネットワークの層の数え方について

　書物やネットの情報をみると，ニューラルネットワークの層の数え方は 2 種類あり
ます．

　1 つ目の数え方は，特にインターネットの情報ではこちらのほうが多いようですが，
見た目のイメージに注目して，パーセプトロンの入力，および出力の端子の並びを層
として数える方法です．この方法で数えると，図 7.1（124 ページ）の構成は，3 層
ニューラルネットワークとなります．

　もう 1 つの数え方は，層は学習機能を実現するために用いられるものと考えて，
パーセプトロンの重みの並びを層として数える方法です．この方法で数えると，同じ
図 7.1 の構成は，2 層ニューラルネットワークとなります．

　本書では，Keras で使われている数え方と一致させるために，2 番目の数え方を採用
しています．

第6章

単純パーセプトロンを組み合わせる

前章までで，単純パーセプトロンを使って，ニューラルネットワークの基礎の基礎を学習しました．また，単純パーセプトロンを使えば，2値分類問題を解決できることがわかりました．

本章では，単純パーセプトロンを複数個組み合わせるようにして，多出力のパーセプトロンに拡張します．こうすることで，多クラス分類問題も取り扱うことできるようになり，AI はより高度な能力を身に着けるようになります．

6.1 パーセプトロンを「多出力」にする

前章までで，単純パーセプトロンでも，AI は多くのことを学習できることがわかりました．しかし，単純パーセプトロンには 1 つの出力しかありません．これでは，ラベル 1 とラベル 0 に分けるような 2 値分類問題しか扱えないので，あまり複雑な応用問題に対応できません．

しかし，同じ入力であっても，明らかに重みが異なれば，単純パーセプトロンの出力が異なります．したがって，図 6.1 のように，重みの異なる単純パーセプトロンを複数個組み合わせれば，多出力のパーセプトロンが構成できます．

このとき，線形結合器の出力 $y_1, y_2, \ldots, y_N$ は

$$y_n = w_{n1}x_1 + w_{n2}x_2 + \cdots + w_{nM}x_M \qquad (n = 1, 2, \ldots, N) \tag{6.1}$$

と表すことができます．ここで，$y_n\,(n = 1, \ldots, N)$ は，n 番目の線形結合器の出力を表し，$x_m\,(m = 1, \ldots, M)$ は，m 番目の線形結合器の入力を表しています．また，$w_{nm}\,(m = 1, \ldots, M,\ n = 1, 2, \ldots, N)$ は，m 番目の入力 x_m から n 番目の出力 y_n への重みを表しています．つまり，n 番目の線形結合器の出力 y_n は，1 から M までのすべての x_m とそれに対する重み w_{nm} との積を足し合わせたものでできています．

これらの線形結合器の出力を活性化関数に通せば，パーセプトロンの出力になります．したがって，多出力のパーセプトロンの出力 $\hat{z}_1, \hat{z}_2, \ldots, \hat{z}_N$ は，以下のように表

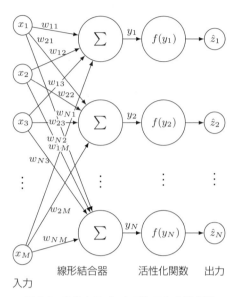

図 6.1 多出力のパーセプトロンの構成図

すことができます.

$$\hat{z}_n = f(y_n) \qquad (n = 1, 2, \ldots, N) \tag{6.2}$$

ここで行列とベクトルの表記を使って以下のように表します.

$$\mathbf{x} = \begin{pmatrix} x_1 \\ x_2 \\ \vdots \\ x_M \end{pmatrix}, \qquad \mathbf{y} = \begin{pmatrix} y_1 \\ y_2 \\ \vdots \\ y_N \end{pmatrix}, \qquad \hat{\mathbf{z}} = \begin{pmatrix} \hat{z}_1 \\ \hat{z}_2 \\ \vdots \\ \hat{z}_N \end{pmatrix} \tag{6.3}$$

$$\mathbf{W} = \begin{pmatrix} w_{11} & w_{12} & \ldots & w_{1M} \\ w_{21} & w_{22} & \ldots & w_{2M} \\ \vdots & \ldots & \ldots & \vdots \\ w_{N1} & w_{NM} & \ldots & w_{NM} \end{pmatrix} \tag{6.4}$$

これによって,式 (6.1) は,簡単な形で表すことができます.

$$\mathbf{y} = \mathbf{Wx} \tag{6.5}$$

式 (6.5) の行列とベクトルの積は,数値計算ライブラリ NumPy にある dot() 関数を使って,簡単にコーディングできます.また,ベクトル関数 $\mathbf{f}(\cdot)$ を使うと,式 (6.2)

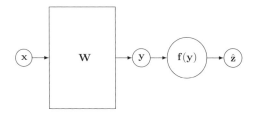

図 6.2　多出力のパーセプトロンのブロック図

は，以下となります．

$$\hat{\mathbf{z}} = \mathbf{f}(\mathbf{y}) \tag{6.6}$$

これらの入出力関係式をブロック図[*1]にまとめると，**図 6.2** のようになります．

6.2　活性化関数（その3）：ソフトマックス関数

　仮に多出力のパーセプトロンの活性化関数にシグモイド関数を使うことにしてみましょう．シグモイド関数を使うときは，前章で述べたとおり，「出力の値は分類の確率である」と解釈します．しかし，多出力のパーセプトロンにそのままシグモイド関数を使った場合は，それぞれの出力は個別に，真と偽の，2 つのラベルのうちの，真の確率になりますので，一般に，各出力（多クラス分類の各ラベル）の確率の合計が 1（= 100%）になりません．しかし，これは出力の値が確率を表すという解釈と相容れません．したがって，多出力のパーセプトロンの活性化関数としては，シグモイド関数は適切ではありません[*2]．

　そこで，活性化関数として**ソフトマックス**（softmax）という関数を採用します．ソフトマックス関数はベクトル関数です．ベクトル

$$\mathbf{x} = \begin{pmatrix} x_1 \\ x_2 \\ \vdots \\ x_N \end{pmatrix} \tag{6.7}$$

を変数とするソフトマックス関数 $\mathbf{s}(\mathbf{x})$

[*1]　システムの構成要素をブロックと呼ばれる四角や丸で表し，それらを線でつないでブロック間の関係を示したものを**ブロック図**（block diagram）といいます．

[*2]　多出力のパーセプトロンの出力が，ニューラルネットワーク全体の最終の出力となる場合のみで．中間の出力であれば，このかぎりではありません．

$$\mathbf{s}(\mathbf{x}) = \begin{pmatrix} s_1(\mathbf{x}) \\ s_2(\mathbf{x}) \\ \vdots \\ s_N(\mathbf{x}) \end{pmatrix} \tag{6.8}$$

の要素 $s_i(\mathbf{x})$　$(i = 1, 2, \ldots, N)$ は，以下のように定義されます．

$$s_i(\mathbf{x}) = \frac{e^{x_i}}{\displaystyle\sum_{n=1}^{N} e^{x_n}} \tag{6.9}$$

ソフトマックス関数 $\mathbf{s}(\mathbf{x})$ の全要素の総和は，x_i $(i = 1, 2, \ldots, N)$ の値によらず，常に 1 となります．このことは，以下のように簡単に確認できます．

$$\sum_{i=1}^{N} s_i(\mathbf{x}) = \sum_{i=1}^{N} \frac{e^{x_i}}{\displaystyle\sum_{n=1}^{N} e^{x_n}} = \frac{\displaystyle\sum_{i=1}^{N} e^{x_i}}{\displaystyle\sum_{n=1}^{N} e^{x_n}} = 1 \tag{6.10}$$

このような活性化関数を使えば，多出力のパーセプトロンを使ったときの出力の合計を常に 1（つまり，各ラベルの確率の合計が 1（= 100%））にすることができます．

ここで，簡単な例として，$\mathbf{x} = (x_1, x_2)$ を変数とするソフトマックス関数について，$s_1(\mathbf{x})$ のグラフと，$s_2(\mathbf{x})$ のグラフをそれぞれ図 6.3，図 6.4 に示します．

また，式 (6.9) のソフトマックス関数の要素 $s_i(\mathbf{x})$ を x_j で偏微分すると

$$\frac{\partial s_i(\mathbf{x})}{\partial x_j} = \begin{cases} s_i(\mathbf{x})(1 - s_i(\mathbf{x})) & (i = j) \\ -s_i(\mathbf{x})s_j(\mathbf{x}) & (i \neq j) \end{cases} \quad (i = 1, 2, \ldots, N, \ j = 1, 2, \ldots, N) \tag{6.11}$$

となります．簡単な例として，$\mathbf{x} = (x_1, x_2)$ を変数とするソフトマックス関数について，その要素 $s_1(\mathbf{x})$ の x_1 に対する偏微分を以下に示します．また，そのグラフを図 6.5 に示します．

$$\frac{\partial s_1(\mathbf{x})}{\partial x_1} = s_1(\mathbf{x})(1 - s_1(\mathbf{x})) \tag{6.12}$$

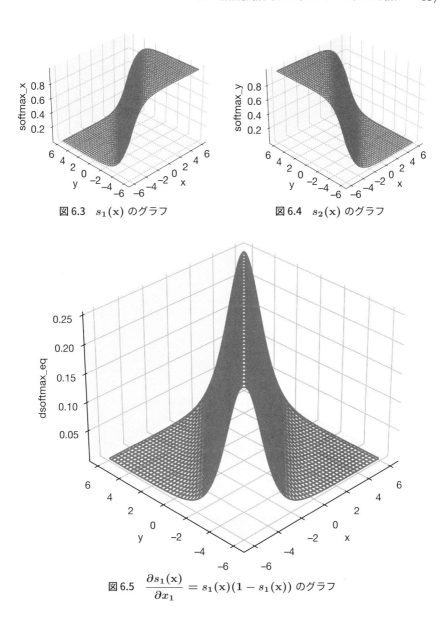

図 6.3　$s_1(\mathbf{x})$ のグラフ

図 6.4　$s_2(\mathbf{x})$ のグラフ

図 6.5　$\dfrac{\partial s_1(\mathbf{x})}{\partial x_1} = s_1(\mathbf{x})(1 - s_1(\mathbf{x}))$ のグラフ

6.3　多出力のパーセプトロンに確率的勾配降下法を適用する

　それでは，活性化関数をソフトマックス関数，損失関数を 2 乗誤差として，多出力のパーセプトロンに確率的勾配降下法を適用しましょう.

ポイント 6.1　　**多出力のパーセプトロンの確率的勾配降下法**

　損失関数に 2 乗誤差を採用したとき，多出力のパーセプトロンの重み w_{nm} $(n = 1, 2, \ldots, N,\ m = 1, 2, \ldots, M)$ の最適解は，以下の手順によって見つけることができる.
初期値：

$$w_{nm}(0) = (適切な任意値) \tag{6.13}$$

繰返し処理：
for $k = 0, 1, \ldots, K$:

$$w_{nm}(k+1) = w_{nm}(k) + \eta (z_n(k) - \hat{z}_n(k))\, s'_{nn}(\mathbf{y}(k))\, x_m(k) \tag{6.14}$$

ここで，学習率 $\eta > 0$ である. また，$s'_{nn}(\mathbf{y}(k))$ はソフトマックス関数の偏微分の要素 $\dfrac{\partial s_n(\mathbf{y}(k))}{\partial y_n}$ を表す.

6.4　学習のためのデータを十分に用意しよう

6.4.1　Iris データセット

　分類や識別のような学習問題のプログラムを作成するとき，特徴量とラベルの組を 1 つのデータサンプルとするような**ラベル付きデータセット**が必要となります. 一方，AI が学習するに十分な量のデータをもつラベル付きデータセットを用意することは，実は簡単なことではありません. 幸いにも，現在，学習アルゴリズムのテストのために，多くのデータセットが公開されています. Python の機械学習の scikit-learn ライブラリに付属している datasets モジュールにも，簡単に使えるデータセットが数多く用意されています. これらのものは比較的小さなものばかりで，おもちゃデータセット（toy dataset）と呼ばれたりすることもありますが，Python のプログラムから直接読み込むことができ，これらによって手早くプログラムをテストすることができますので，実は大変重宝されています.

表 6.1　Iris データセットの一部

がく片の長さ	がく片の幅	花弁の長さ	花弁の幅	ラベル
5.1	3.5	1.4	0.2	0
4.9	3.0	1.4	0.2	0
⋮	⋮	⋮	⋮	⋮
7.0	3.2	4.7	1.4	1
6.4	3.2	4.5	1.5	1
⋮	⋮	⋮	⋮	⋮
6.3	3.3	6	2.5	2
5.8	2.7	5.1	1.9	2
⋮	⋮	⋮	⋮	⋮

　その中に Iris[*3] というデータセットがあります．その中身は**表 6.1** のようになっています．このデータセットでは，4 つの特徴量（がく片の長さ，がく片の幅，花弁の長さ，花弁の幅）に関する実測データの組に対して，それぞれラベル（表 6.1 右はじ）が付けられています．ここでは，ラベル 0 は *Iris-setosa* という種類を表し，ラベル 1 は *Iris-versicolor* という種類を表し，ラベル 2 は *Iris-virginica* という種類を表しています．

　このデータセットは

```
from sklearn import datasets
```

で読み込んで

```
iris=datasets.load_iris()
```

を使って取得できます．

6.4.2　エポック

　Iris データセットには，上記の 3 種類のアイリスを含めても 150 しかデータがありません．確率的勾配降下法を用いる場合，この程度のデータ数では十分な学習ができません．こういったとき，1 つのデータセットを繰り返し使うことで，データをいわ

---

*3　アイリス（iris）はアヤメ科アヤメ属の植物の総称です．

ば擬似的に増量するという手法がよく用いられます.

　例えば, 分類用のデータセットの場合, 特徴量とそのラベルの組の関係さえ乱さなければ, データサンプルの順番を変えるだけで, 学習用のデータとして再度利用することができます. また, 学習の結果の汎用性を確保する観点から, むしろ, データサンプルの順番をランダムに変更したものを用いるほうがよいでしょう. さらに, 同じデータサンプルが複数回出現することは実際にありうることですから, 学習の過程においては, データの繰返し利用は決していけないことではありません.

　データセットの繰返し利用に関連して, **エポック**（epoch, 時代）という言葉を導入します. **エポック数**とは, 学習用のデータセットを繰り返して使用したときの回数のことです. つまり, 1 エポックとは, 学習用のデータセットを 1 回利用して, 学習を行ったことを表します. 例えば, Iris データセットには 150 個のデータサンプルがありますから, (エポック数) = 100 なら, この 150 個のデータサンプルからなるデータセットを 100 回利用して, 全部で 1 万 5000 個のデータサンプルを利用して学習を行うことになります.

6.4.3　one-hot ベクトル

　ラベルをつけるときに, $1, 2, 3, \ldots$ というような番号ではなく, 対象とするデータのラベルの総数を列数として, ラベル（番号）に対応する列が 1, そのほかの列は 0 をそれぞれ割り当てることがあります. このようなラベルの付け方を, **one-hot ベクトル**（one-hot vector）[4]といいます. 表 6.1 のラベルを one-hot ベクトルに変換したものを**表 6.2** に示します.

　このように one-hot ベクトルに変換することで, 多クラス分類問題は, 複数個の 2 クラス分類問題になり, 多出力のパーセプトロンで扱うことができるようになります. 例えば, いまの Iris データセットの場合, 表 6.1 では 3 つのクラスに分ける 3 クラス分類問題でしたが, one-hot ベクトルに変換することで, 表 6.2 では 3 つの（0 か 1 かの）2 クラス分類問題になります. こうすれば, 3 出力のパーセプトロンで扱うことができます.

---

[4] **one-hot 表現**（one-hot representation）, **one-of-K 表現**（one-of-K representation）ともいいます.

表6.2　表6.1 を one-hot ベクトルでラベル付けした表

がく片の長さ	がく片の幅	花弁の長さ	花弁の幅	ラベル		
5.1	3.5	1.4	0.2	1	0	0
4.9	3.0	1.4	0.2	1	0	0
⋮	⋮	⋮	⋮	⋮	⋮	⋮
7.0	3.2	4.7	1.4	0	1	0
6.4	3.2	4.5	1.5	0	1	0
⋮	⋮	⋮	⋮	⋮	⋮	⋮
6.3	3.3	6.0	2.5	0	0	1
5.8	2.7	5.1	1.9	0	0	1
⋮	⋮	⋮	⋮			

6.5　プログラム例：アイリスの種類を判別する学習問題

例題 6.1

以下の仕様要求を満たす確率的勾配降下法を用いたプログラムを作成しなさい.

1. 以下のとおり，学習用のデータを用意する.
   1) scikit-learn ライブラリから Iris データセットを取得する.
   2) データをシャッフルする（無作為に並べかえる）.
   3) 特徴量ごとに正規化を行う.
   4) ラベルを one-hot ベクトルに変換する.
2. 各データサンプルに対して，以下の処理を繰り返す.
   1) 多出力のパーセプトロンの出力を計算する.
   2) 多出力のパーセプトロンの出力と正解の誤差を計算する.
   3) 学習状況を評価する指標として RMSE を計算する.
   4) 繰返し番号，アイリスの種類の正解ラベル，多出力のパーセプトロンの出力，RMSE を表示する.
   5) RMSE が与えられた許容値より小さくなったら，繰返しを終了する.
   6) 確率的勾配降下法により，重みを更新する.
3. 繰返し終了後，以下の処理を行う.
   1) 重みの学習結果を表示する.

2)　RMSE の学習曲線（RMSE−サンプルグラフ）を作成して，PNG 形
式でファイルに保存する.

ソースコード 6.1　ch6ex1.py

```python
1   # Irisデータの勾配降下法学習＋グラフ作成
2   # 活性化関数：ソフトマックス関数
3
4   import numpy as np
5   import matplotlib.pyplot as plt
6   import datetime
7   from sklearn import datasets
8   from sklearn.utils import shuffle
9
10  np.set_printoptions(formatter={'float': '{:.4f}'.format})
11
12  # ソフトマックス関数
13  def softmax(x):
14      s = np.exp(x)/np.sum(np.exp(x))
15
16      return s
17
18  # データの用意
19  def preparedata():
20      # データを読み込む.
21      iris = datasets.load_iris()
22      dataxx, datazz = shuffle(iris['data'],iris['target'], ←
          random_state=0)
23      # dataxxの正規化
24      xxmax = np.amax(dataxx)
25      xx = dataxx/xxmax
26      zzmax = np.amax(datazz)
27      datazzonehot = np.zeros([len(datazz),zzmax+1])
28      for k in range(len(datazz)):
29          datazzonehot[k,datazz[k]] = 1
30      kk, mm = xx.shape
31      one = np.ones([kk,1])
32      onexx = np.concatenate((one, xx), 1)
33
34      return(onexx, datazzonehot)
35
36  # 重みの学習
37  def weightlearning(wwold, errork, xxk, yyk, eta):
38      nn, mm = wwold.shape
39      wwnew = np.empty([nn, mm])
40      s = softmax(yyk)
```

```
41          for n in range(nn):
42              for m in range(mm):
43                  wwnew[n, m] = wwold[n, m] + ↵
                        eta*errork[n]*xxk[m]*s[n]*(1-s[n])
44
45          return wwnew
46
47  # 線形結合器
48  def linearcombiner(ww, xxk):
49      y = np.dot(ww,xxk)
50
51      return y
52
53  # 誤差評価
54  def evaluateerror(error, shiftlen, k):
55      ll, nn = error.shape
56      errorshift = np.zeros([shiftlen,nn])
57      if(k>=shiftlen):
58          errorshift[0:shiftlen,0:nn] = error[k-shiftlen:k, 0:nn]
59      else:
60          errorshift[0:k,0:nn] = error[0:k, 0:nn]
61      sqsumerror = np.empty(nn)
62      for n in range(nn):
63          sqsumerror[n] = np.dot(errorshift[:, n], errorshift[:,n])
64      if(k>=shiftlen):
65          evalerror = np.sqrt(np.sum(sqsumerror)/(shiftlen*nn))
66      else:
67          evalerror = np.sqrt(np.sum(sqsumerror)/((k+1)*nn))
68
69      return evalerror
70
71  # グラフを作成
72  def plotevalerror(evalerror, kk):
73      x = np.arange(0, kk, 1)
74      plt.figure(figsize=(10, 6))
75      plt.plot(x, evalerror[0:kk])
76      plt.title("Root␣Mean␣Squared␣Error", fontsize=20)
77      plt.xlabel("k", fontsize=16)
78      plt.ylabel("RMSE", fontsize=16)
79      plt.savefig("ch6ex1fig1.png")
80
81      return
82
83  # メイン関数
84  def main():
85      eta = 4.0
```

```
86      shiftlen = 100
87      epsilon = 1.0/(float(shiftlen))
88      # データを用意する.
89      xx, zztrue = preparedata()
90      kk, mm = xx.shape
91      print("kk=", kk)
92      print("mm=", mm)
93      ll, nn = zztrue.shape
94      print("ll=", ll)
95      print("nn=", nn)
96      wwold = np.zeros([nn, mm])
97      error = np.zeros([kk, nn])
98      evalerror = np.zeros(kk)
99      ww = np.empty([kk, nn, mm])
100     # 繰返し：学習過程
101     for k in range(kk):
102         yyk = linearcombiner(wwold, xx[k])
103         zzk = softmax(yyk)
104         error[k] = zztrue[k] - zzk
105         evalerror[k] = evaluateerror(error, shiftlen, k)
106         print("k={0:4d}␣zztrue=[{1:.0f},{2:.0f},{3:.0f}]␣↵
                zz=[{4:.5f},{5:.5f},{6:.5f}]␣RMSE={7:.5f}".format(k, ↵
                zztrue[k,0], zztrue[k,1], zztrue[k,2], zzk[0], zzk[1], ↵
                zzk[2], evalerror[k]))
107         if(k>shiftlen and evalerror[k]<epsilon):
108             break
109         wwnew = weightlearning(wwold, error[k], xx[k], yyk, eta)
110         wwold = wwnew
111         ww[k,:,:] = wwold
112     # 重みの学習結果を表示
113     print("重みの学習結果:")
114     for m in range(nn):
115         print("ww"+str(m)+"=", wwold[m, :])
116     plotevalerror(evalerror, k)
117
118     return
119
120 # ここから実行
121 if __name__ == "__main__":
122     start_time = datetime.datetime.now()
123     main()
124     end_time = datetime.datetime.now()
125     elapsed_time = end_time - start_time
126     print("経過時間=", elapsed_time)
127     print("すべて完了␣!!! ")
```

💬 ソースコードの解説

7: scikit-learn ライブラリから datasets を読み込みます.

8: scikit-learn ライブラリの utils クラスから shuffle を読み込みます.

10: 配列の表示を, 小数点以下 4 桁に設定します.

13〜16: ソフトマックス関数を定義します.

13: 関数の定義文. 関数名を softmax とつけます. 引数として, 配列 x を指定します.

14: 配列 x のソフトマックス関数の値を計算して, 配列 s に代入します.

16: return 文. 戻り値として, 配列 s を指定します.

19〜34: 学習用データを用意する関数を定義します.

19: 関数の定義文. 関数名を preparedata とつけます.

21: datasets から Iris データセットを読み込んで, iris に代入します.

22: dataxx と datazz の組で, データのシャッフルを行い, その結果を dataxx と datazz に入れます.

24: dataxx から最大値を取得して, xxmax に代入します.

25: dataxx を正規化（xxmax で除算）して, xx に代入します.

26: datazz から最大値を取得して, zzmax に代入します.

27: datazz の one-hot ベクトルの配列 datazzonehot を用意し, その全要素に 0 を入れます.

28〜29: for 文ブロック. datazzonehot 各行のラベル番号の列に 1 を入れます.

30: xx のサイズを取得して, kk と mm に代入します.

31: kk 行 1 列の配列 one を生成します. その全要素が 1 になります.

32: 配列 one と配列 xx を横に結合して, onexx に代入します.

34: return 文. 戻り値として, 配列 onexx, 配列 datazzonehot を指定します.

37〜45: 確率的勾配降下法により, 重みを更新する関数を定義します.

37: 関数の定義文. 関数名を weightlearning とつけます. また, 引数として, 古い重み wwold, 誤差 errork, 入力 xxk, 線形結合 yyk, 学習率 eta を指定します.

38: wwold の行数と列数を取得して, 変数 nn, 変数 mm に代入します.

39: 行数 nn, 列数 mm の空の配列を生成して, wwnew に代入します.

40: ソフトマックス関数の値を取得して, 配列 s に代入します.

41〜43: 二重 for 文ブロック. 2 次元配列 wwnew の全要素を計算します.

41: 外側の繰返し for 文. 作業変数 n は, 配列の行番号になります.

42: 内側の繰返し for 文. 作業変数 m は, 配列の列番号になります.

43: 重みの更新式にしたがって, 新しい重みを計算して, wwnew に代入します. $s[n] * (1 - s[n])$ で, ソフトマックス関数の微分の, n 行 n 列の要素を計算しています.

45: return 文. 戻り値として, 新しい重み wwnew を指定します.

48〜51:　多出力線形結合器の関数を定義します[*5].

54〜69:　学習の状況を評価するために RMSE を計算する関数を定義します.

54:　関数の定義文. 関数名を evaluateerror とつけます. 引数として, 誤差 error, 過去に さかのぼる期間の長さ shiftlen, 繰返し回数 k を指定します.

55:　配列 error の行と列数を取得して, 変数 ll, 変数 nn に代入します.

56:　shiftlen 行, nn 列の初期値 0 の配列を作成して, errorshift に代入します.

57〜60:　if 文ブロック. k が shiftlen より大きいとき, error の過去 shiftlen 個を errorshift に入れます. そうでないとき, いままでの error の k 個を errorshift に入れます.

61:　空の配列を生成して, sqsumerror に代入します.

62〜63:　for 文ブロック. errorshift の各行の要素における 2 乗和を計算して, sqsumerror に代入します.

64〜67:　if 文ブロック. ここで評価のための指標 evalerror を計算します. k が shiftlen よ り大きい, または等しいとき, sqsumerror の全要素の総和を shiftlen*nn で除してから 平方根をとります. そうでないとき, sqsumerror の全要素の総和を (k+1)*nn で除し てから平方根をとります.

69:　return 文. 戻り値として, RMSE の変数 evalerror を指定します.

84〜118:　メイン関数を定義します.

84:　関数の定義文. 関数名を main とつけます.

85:　学習率 eta の値を設定します.

86:　過去にさかのぼる期間の長さ shiftlen の値を設定します.

87:　誤差の許容値 epsilon を設定します.

89:　preparedata() 関数を呼び出して, 受け取ったデータを配列 xx, 配列 zztrue に代入し ます.

90〜92:　配列 xx の行数, 列数を kk と mm に代入して, 表示します.

93〜95:　配列 zztrue の行数, 列数を ll と nn に代入して, 表示します.

96:　重みの 2 次元配列 wwold を初期値 0 で作成します.

97:　誤差の 2 次元配列 error を初期値 0 で作成します.

98:　誤差を評価するための 1 次元配列 evalerror を初期値 0 で作成します.

99:　重みの学習の過程を記録する 3 次元配列 ww を空で作成します.

101〜111:　for 文ブロック. この部分がメインの繰返し処理です.

101:　for 文. ここで, 作業変数 k は $[0, 1, \ldots, kk - 1]$ から順次, 値をとります.

102:　linearcombiner() 関数を呼び出します. 重み wwold と入力 xx[k] から, 線形結合器 の出力 yyk を計算します.

103:　softmax() 関数を呼び出します. yyk についてのソフトマックス関数の値を zzk に代

[*5]　一見, 第 4 章, 第 5 章の線形結合器のプログラムと同じようにみえますが, 重み ww は 2 次 元配列, 出力 y はベクトルとなっています.

入します.

104:　誤差 error を計算します.

105:　evaluateerror() 関数を呼び出して，RMSE を計算します.

106:　出力形式を指定して，k, zztrue, zz を表示します.

107～108:　if 文ブロック. k が shiftlen より大きく，かつ，evalerror が epsilon より小さくなったら，繰返しを中止します.

109:　weightlearning() 関数を呼び出して，新しい重み wwnew を計算します.

110:　新旧交代. wwnew を wwold に代入します.

111:　古い重み wwold を配列 ww に保存します.

113～115:　重みの学習結果を表示します.

116:　plotevalerror() 関数を呼び出して，RMSE–サンプルグラフを作成します.

118:　return 文.

▶ **実行結果**

```
 1  ......
 2  (略)
 3  ......
 4  k= 130 zztrue=[0,0,1] zz=[0.02342,0.85247,0.12412] RMSE=0.40443
 5  k= 131 zztrue=[0,0,1] zz=[0.03619,0.49052,0.47329] RMSE=0.40622
 6  k= 132 zztrue=[0,1,0] zz=[0.03302,0.10988,0.85710] RMSE=0.40410
 7  k= 133 zztrue=[0,1,0] zz=[0.05077,0.35825,0.59098] RMSE=0.40866
 8  k= 134 zztrue=[1,0,0] zz=[0.42502,0.54073,0.03425] RMSE=0.40786
 9  k= 135 zztrue=[0,1,0] zz=[0.35428,0.52772,0.11800] RMSE=0.40981
10  k= 136 zztrue=[0,0,1] zz=[0.02435,0.87010,0.10555] RMSE=0.40576
11  k= 137 zztrue=[0,0,1] zz=[0.06544,0.58213,0.35243] RMSE=0.41052
12  k= 138 zztrue=[1,0,0] zz=[0.73746,0.09374,0.16880] RMSE=0.41035
13  k= 139 zztrue=[0,1,0] zz=[0.12757,0.13389,0.73854] RMSE=0.41011
14  k= 140 zztrue=[0,1,0] zz=[0.25257,0.47340,0.27403] RMSE=0.41518
15  k= 141 zztrue=[0,1,0] zz=[0.05738,0.81086,0.13176] RMSE=0.40989
16  k= 142 zztrue=[0,1,0] zz=[0.05246,0.86452,0.08302] RMSE=0.40776
17  k= 143 zztrue=[1,0,0] zz=[0.52676,0.45260,0.02064] RMSE=0.40392
18  k= 144 zztrue=[1,0,0] zz=[0.81928,0.16345,0.01727] RMSE=0.40455
19  k= 145 zztrue=[1,0,0] zz=[0.84644,0.13748,0.01609] RMSE=0.40458
20  k= 146 zztrue=[0,0,1] zz=[0.14503,0.65624,0.19873] RMSE=0.39977
21  k= 147 zztrue=[0,1,0] zz=[0.41956,0.18155,0.39889] RMSE=0.40180
22  k= 148 zztrue=[0,0,1] zz=[0.02953,0.52093,0.44954] RMSE=0.40582
23  k= 149 zztrue=[1,0,0] zz=[0.82916,0.06496,0.10588] RMSE=0.40800
24  重みの学習結果:
25  ww0= [-0.0557 -1.7791 1.1468 -5.6301 -2.3380]
26  ww1= [-2.4572 -1.9054 -1.9285 -0.2782 -0.2536]
27  ww2= [-3.3929 -0.8478 -1.1989 2.1737 1.3687]
28  経過時間= 0:00:00.169169
29  すべて完了 !!!
```

図 6.6 では，Iris データセットを 1 回のみ利用しています. つまり，150 サンプルで学習しただけですが，それでも RMSE = 0.408 までに減少できています.

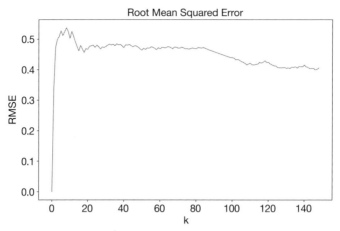

図 6.6　例題 6.1 の RMSE の学習曲線（RMSE-サンプルグラフ）

例題 6.2

例題 6.1 の仕様要求に加えて，エポック数だけデータセットを繰り返して利用するプログラムを作成しなさい．

1. エポック数だけ以下の処理を繰り返す．
   1) 例題 6.1 と同じ．
   2) 例題 6.1 と同じ．
   3) 学習結果の重みを配列に保存する．
   4) 学習の状況を評価する RMSE を配列に保存する．
   5) RMSE が与えられた許容値より小さくなった場合に，繰返しを終了する．
2. 繰返し終了後
   1) 例題 6.1 と同じ．
   2) 例題 6.1 と同じ．

　例題 6.1 のソースコードから，エポック数だけデータセットを繰り返して利用する部分のみメイン関数を書き直して，ch6ex2.py を作成します．以下では，変更したメイン関数のみ示します[*6]．

[*6]　ソースコード 6.2 の行番号は，「ソースコードの解説」と対応をとるためのものです．ch6ex2.py 全体のソースコードの行番号とは一致しません．

ソースコード 6.2 ch6ex2.py のメイン関数

```
1   # メイン関数
2   def main():
3       eta = 4.0
4       shiftlen = 100
5       epsilon = 1.0/(float(shiftlen))
6       epochs = 500
7       # データのサイズをチェック
8       xx, zztrue = preparedata()
9       kk0, mm = xx.shape
10      kk = epochs*kk0
11      print("kk=", kk)
12      print("mm=", mm)
13      ll, nn = zztrue.shape
14      print("ll=", ll)
15      print("nn=", nn)
16      wwold = np.zeros([nn, mm])
17      error = np.zeros([kk, nn])
18      evalerror = np.zeros(kk)
19      epocherror = np.zeros(epochs)
20      lastwwold = np.empty([nn, mm])
21      breakflag = 0 # 繰返し中止のフラグ
22      # メイン繰返し：学習過程
23      # エポックの繰返し
24      for epoch in range(epochs):
25          # データを用意する.
26          xx, zztrue = preparedata()
27          # データサンプルの繰返し
28          for k0 in range(kk0):
29              k = epoch*kk0+k0
30              yyk0 = linearcombiner(wwold, xx[k0])
31              zzk0 = softmax(yyk0)
32              error[k] = zztrue[k0] - zzk0
33              evalerror[k] = evaluateerror(error, shiftlen, k)
34              lastwwold = wwold
35              if(k>shiftlen and evalerror[k]<epsilon):
36                  breakflag = 1
37                  break
38              wwnew = weightlearning(wwold, error[k], xx[k0], yyk0, eta)
39              wwold = wwnew
40          epocherror[epoch] = evalerror[k]
41          print("epoch={0} RMSE={1:.8f}".format(epoch, ←
              epocherror[epoch]))
42          if breakflag==1:
43              break
44      # 重みの学習結果を表示
```

```
45        print("重みの学習結果:")
46        for n in range(nn):
47            print(str(n)+"番目出力：ww=", lastwwold[n, :])
48        plotevalerror(epocherror, epoch)
49
50        return
```

💬 ソースコードの解説

（メイン関数）

6: エポック数 epochs を設定します.

10: (エポック数) × (データサンプル数) をデータ総数 kk に代入します.

24〜43: 二重 for 文ブロック. この部分がメインとなる繰返し処理です. データセットを epochs 回利用して, 重みの更新を行います.

24: 外側の繰返し for 文. 作業変数 epoch は, $[0, 1, \ldots, \text{epochs} - 1]$ から順次, 値をとります.

26: preparedata() 関数を呼び出して, 受け取ったデータを配列 xx, 配列 zztrue に代入します.

28〜38: 内側の for 文ブロック. 1 回分のデータセットを利用して, 重みの更新を行います.

28: 内側の繰返し for 文. 作業変数 k0 は, $[0, 1, \ldots, \text{kk0} - 1]$ から順次, 値をとります.

29: 全体の繰返し番号 k を計算します.

30: linearcombiner() 関数を呼び出します. 重み wwold と入力 xx[k0] から, 線形結合器の出力 yyk0 を計算します.

31: softmax() 関数を呼び出します. yyk0 についてのソフトマックス関数の値を zzk0 に代入します.

32: 誤差 error を計算します.

33: evaluateerror() 関数を呼び出して, 学習の状況を評価するための RMSE を計算します.

34: 古い重み wwold を配列 lastwwold に保存します.

35〜37: if 文ブロック. k が shiftlen より大きく, かつ, evalerror が epsilon より小さくなったら, breakflag に 1 をセットして, 繰返しを中止します.

38: weightlearning() 関数を呼び出して, 新しい重み wwnew を計算します.

39: 新旧交代. wwnew を wwold に代入します.

40: データの繰返し使用終了時の RMSE を epocherror に保存します.

41: 出力形式を指定して epoch と epocherror を表示します.

42〜43: if 文ブロック. breakflag = 1 になったら, epoch の繰返しを中止します.

45〜47: 重みの学習結果を表示します.

48: plotevalerror() 関数を呼び出して, RMSE–エポックグラフを作成します.

▶ **実行結果**

```
1   ......
2   (略)
3   ......
4   epoch=480 RMSE=0.07501375
5   epoch=481 RMSE=0.07497323
6   epoch=482 RMSE=0.07493287
7   epoch=483 RMSE=0.07489269
8   epoch=484 RMSE=0.07485269
9   epoch=485 RMSE=0.07481286
10  epoch=486 RMSE=0.07477321
11  epoch=487 RMSE=0.07473373
12  epoch=488 RMSE=0.07469442
13  epoch=489 RMSE=0.07465529
14  epoch=490 RMSE=0.07461633
15  epoch=491 RMSE=0.07457755
16  epoch=492 RMSE=0.07453894
17  epoch=493 RMSE=0.07450050
18  epoch=494 RMSE=0.07446224
19  epoch=495 RMSE=0.07442415
20  epoch=496 RMSE=0.07438623
21  epoch=497 RMSE=0.07434849
22  epoch=498 RMSE=0.07431092
23  epoch=499 RMSE=0.07427352
24  重みの学習結果：
25  0番目出力：ww= [30.9671 13.0437 23.4190 -26.5820 -14.3955]
26  1番目出力：ww= [24.1049 22.0622 6.0579 0.7768 -17.6042]
27  2番目出力：ww= [-2.2223 3.3468 -10.2030 53.0522 40.6937]
28  経過時間= 0:00:04.326518
29  すべて完了 !!!
```

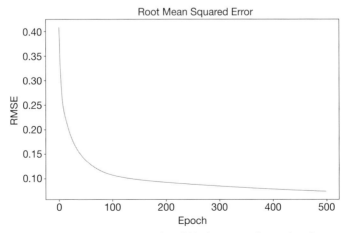

図 6.7　例題 6.2 の RMSE の学習曲線（RMSE-エポックグラフ）

　図 6.7 では，Iris データセットを 500 回利用しました．つまり，500 エポック（つまり $150 \times 500 = 75000$ サンプル）で学習した結果，RMSE $= 0.074$ となり，図 6.6 より，大幅に改善することができています．

演 習 問 題

問題 6.1　例題 6.1 のプログラムをもとに，以下のような仕様変更を実現するプログラムを作成しなさい．

> 学習用データセットを scikit-learn ライブラリにある手書き数字の digits データセットに置き換える．必要に応じて学習率 η を調整すること．

問題 6.2　例題 6.2 のプログラムをもとに，以下のような仕様変更を実現するプログラムを作成しなさい．

> 学習用データセットを scikit-learn ライブラリにある手書き数字の digits データセットに置き換える．必要に応じて，エポック数と学習率 η を調整すること．

Column：「必要に応じてエポック数と学習率 η を調整」の意味

　演習問題の問題文中の「必要に応じて，エポック数と学習率 η を調整すること」について，補足します．

　学習率 η の調整によって，収束の速度が変わります．収束が遅くなったとき，エポック数が足りないと，学習曲線から安定した収束状況が確認できないことがあります．この場合，少し大きめにエポック数を設定してください．またその逆の場合，少し小さめにエポック数を設定してください．

第 **7** 章

ニューラルネットワークを2層にする

第5章と第6章のパーセプトロンは，単純（1出力）または多出力の違いはあるものの，どちらも1層のニューラルネットワークでした．これからは，ニューラルネットワークを2層に拡張していきます．

本章では，1出力の2層ニューラルネットワークを扱います．まず，1出力2層のニューラルネットワークのシステム構成を示します．そして，システム構成の拡張に合わせるように，学習アルゴリズムの確率的勾配降下法を書き直します．

最後に，応用例として，XORゲートの学習問題を行うプログラム例を示します．

7.1 ニューラルネットワークの層を重ねる

ニューラルネットワークを2層にするのは，それほど難しいことではありません．図 7.1 のように，多出力パーセプトロンから出てきた出力をあらためて単純パーセプトロンの入力に入れれば，簡単に1出力2層のニューラルネットワークが構成できます．ただし，ここでは，総和と活性化関数を1つの図形記号にまとめてあります．また，重み w の上付き添字は何層目を示します．

図 7.1 にもとづき，1出力2層のニューラルネットワークの入出力関係式を求めましょう．

まずは，第1層の各線形結合器の出力を以下に示します．

$$y_n = w_{n1}^1 x_1 + w_{n2}^1 x_2 + \cdots + w_{nM}^1 x_M \qquad (n = 1, 2, \ldots, N) \tag{7.1}$$

ここで，重み w の上付き添字は1（第1層）となっていることに注意してください．また，M は第1層のパーセプトロンの入力の数を表しています．

そして，y_n を活性化関数 $f_n(\cdot)$ に通せば，第1層のパーセプトロンの出力 u_n は以下となります．

$$u_n = f_n(y_n) \qquad (n = 1, 2, \ldots, N) \tag{7.2}$$

これら $u_n\,(n = 1, 2, \ldots, N)$ を，さらに第 2 層の単純パーセプトロンに入力すると

$$v = w_1^2 u_1 + w_2^2 u_2 + \cdots + w_N^2 u_N \tag{7.3}$$

となります．ここで，重み w の上付き添字は 2（第 2 層）となっていることに注意してください．また，N は第 2 層の単純パーセプトロンで使用している入力の数を表しています．

最後に，v を活性化関数 $\sigma(\cdot)$ に通せば，第 2 層の単純パーセプトロンの出力（=1 出力 2 層のニューラルネットワークの出力）が以下のように求まります．

$$\hat{z} = \sigma(v) \tag{7.4}$$

7.2　1 出力 2 層のニューラルネットワークの確率的勾配降下法

次に，1 出力 2 層のニューラルネットワークに確率的勾配降下法を適用していきます．ここで，以下の 3 つの前提条件を確認しておきます．

1. 損失関数に，次の 2 乗誤差を用いる．

$$Q = \frac{1}{2}(z(k) - \hat{z}(k))^2 \tag{7.5}$$

2. 活性化関数として，第 2 層では（1 出力なので）式 (5.1) のシグモイド関数を

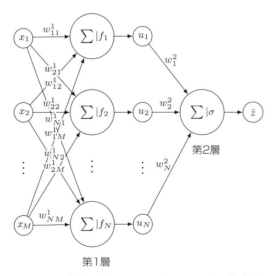

図 7.1　1 出力 2 層ニューラルネットワークの構成図

用い，第 1 層は（多出力なので）式 (6.9) のソフトマックス関数を用いる．
3. 1 出力 2 層のニューラルネットワークの入出力関係は，式 (7.1)〜式 (7.4) を使用する．

ポイント 7.1 1 出力 2 層のニューラルネットワークの確率的勾配降下法

損失関数に 2 乗誤差を採用したとき，1 出力 2 層のニューラルネットワークの重み $w_m^1 \,(m = 1, 2, \ldots, M)$ の最適解は，以下の手順によって見つけることができる．

初期値：

第 2 層：

$$w_n^2(0) = (\text{適切な任意値}) \tag{7.6}$$

第 1 層：

$$w_m^1(0) = (\text{適切な任意値}) \tag{7.7}$$

繰返し処理：

for $k = 0, 1, \ldots, K$:

第 2 層：

$$\delta^2(k) = z(k) - \hat{z}(k) \tag{7.8}$$

$$w_n^2(k+1) = w_n^2(k) + \eta^2 \delta^2(k)\, \sigma'(v(k))\, u_n(k) \tag{7.9}$$

第 1 層：

$$\delta_n^1(k) = \delta^2(k)\, w_n^2(k) \tag{7.10}$$

$$w_m^1(k+1) = w_m^1(k) + \eta^1 \delta_n^1(k) s_{nn}'(y_1, y_2, \ldots, y_N)\, x_m(k) \tag{7.11}$$

ここで，第 1 層の学習率は $\eta^1 > 0$ で，第 2 層の学習率は $\eta^2 > 0$ である．また，$s_{nn}'(\mathbf{y}(k))$ はソフトマックス関数の偏微分の要素 $\dfrac{\partial s_n(\mathbf{y}(k))}{\partial y_n}$ を表す．

7.3 XOR ゲートの学習問題

第 4 章で，基本論理ゲートの AND ゲート，OR ゲート，NOT ゲートについて説

明しました．また，これらは単純パーセプトロンでプログラミングすることができました．

　ここで，より複雑な論理ゲートである XOR ゲートを 1 出力 2 層のニューラルネットワークで実現する学習問題を考えてみましょう．

7.3.1　XOR ゲート

　XOR ゲートとは，XOR 演算を行う回路素子のことです．**XOR 演算**は，**排他的論理和**[*1]と呼ばれるもので，その定義は以下のとおりです．

> 命題 x_1 と命題 x_2 の真偽が異なるとき，結果の命題 z が真となり，それ以外のとき偽となる．

　このいい方が難しいと感じる人は，以下のようなたとえに置き換えてみると，わかりやすいかもしれません．

> あるうわさについて，村人 x_1 と村人 x_2 が異なることをいったとき，そのうわさ（z）は本当である．それ以外のとき，そのうわさ（z）はうそである．

　XOR ゲートの真理値表を**表 7.1** に，記号を**図 7.2** に，そして論理式を式 (7.12) に示します．

$$z = \overline{x}_1 \cdot x_2 + x_1 \cdot \overline{x}_2 \tag{7.12}$$

　ここで，¯ は NOT 演算，· は AND 演算，＋ は OR 演算を表します．この式からわかるように，XOR ゲートは基本論理ゲートの組合せで表すことができます．XOR ゲートの論理回路の一例を**図 7.3** に示します．

7.3.2　学習用データの生成

　次に，プログラムを用いて，XOR ゲートの学習用データファイルを作成します．

[*1] OR（論理和）演算の真理値表から，入力が排他的な部分だけ真となるような論理演算です．「排他的」とは，一方のものがあれば，もう一方を排除することです．

表 7.1 XOR ゲートの真理値表

入力		出力
x1	x2	z
0	0	0
0	1	1
1	0	1
1	1	0

図 7.2 XOR ゲートを表す記号

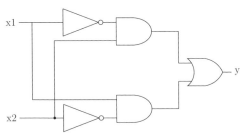

図 7.3 XOR ゲートの論理回路の例

例題 7.1

数値計算ライブラリ NumPy を用いて，以下の仕様要求を実現するプログラム
を作成しなさい．

1. 乱数を用いて，XOR ゲートの入力（0 と 1 の組）の配列 xx を作成する．
2. 配列 xx の各列を入力として，その XOR 演算結果を配列 yy に入れる．
3. 配列 xx と配列 yy の結果を npz 形式のファイルに保存する．

ソースコード 7.1 ch7ex1.py

```python
# XORゲートの入出力データを作成
import numpy as np

# データの数（行数）
kk = 10000
# 入力の数（列数）
nn = 2
# データを作成
xx = np.random.randint(0,2, (kk, nn))
yy = xx[:, 0] ^ xx[:, 1]
```

```
11   # 作成したデータをnpzファイルに保存
12   filename = "xorgate"+str(kk)+".npz"
13   np.savez(filename, x=xx, y=yy)
```

💬 **ソースコードの解説**

5:　作成するデータの行数 kk を 10000 とします.

7:　作成するデータの列数 nn を 2 とします.

9:　乱数を用いて, 0 または 1 を生成して, 配列 xx に代入します.

10:　配列 xx の 1 列目と 2 列目の XOR を計算して, 配列 yy に代入します. ここで,「＾」
は NumPy における XOR 演算子です.

12:　出力用の npz 形式のファイルにファイル名をつけます.

13:　配列 xx と配列 yy を npz 形式のファイルに保存します.

▶️ **実行結果**

データファイル xorgate10000.npz が作成されます.

7.3.3　ソフトマックス関数のオーバフローの対策

　一方, ソフトマックス関数を定義のままプログラミングすると, **オーバフロー**
(overflow)[*2]が起こることに注意する必要があります. なぜなら, ソフトマックス関
数には指数関数 e^x が含まれており,「指数関数的に」という表現があるように, 指数
関数 e^x の値は, x が大きくなると非常に大きくなるからです. 実際, Python で取り
扱うことが可能な実数の上限は 1.79×10^{308} 程度ですから, x が 709〜710 の間には,
Python のプログラムでは, 指数関数 e^x がオーバフローします.

　ソースコード 7.2 のプログラムを実行すると, ソフトマックス関数を計算するとき
のオーバフローが確認できます.

ソースコード 7.2　ch7ex2.py

```
1   # ソフトマックス関数のオーバフロー チェック
2   import numpy as np
3
4   # ソフトマックス関数
5   def softmax(x):
6       sm = np.exp(x)/np.sum(np.exp(x))
7
8       return sm
```

[*2]　コンピュータが表現可能な値の上限を超えてしまうことをいいます. **桁あふれ**ともいいま
す.

```
 9
10  # メイン処理
11  x = np.array([6.0, 8.0])
12  for i in range(10):
13      xx = 10.0*i*x
14      print("i=", i, "xx=", xx, "softmax(xx)=", softmax(xx))
```

▶ **実行結果**

```
 1  i= 0 xx= [0. 0.] softmax(xx)= [0.5 0.5]
 2  i= 1 xx= [60. 80.] softmax(xx)= [2.06115362e-09 9.99999998e-01]
 3  i= 2 xx= [120. 160.] softmax(xx)= [4.24835426e-18 1.00000000e+00]
 4  i= 3 xx= [180. 240.] softmax(xx)= [8.75651076e-27 1.00000000e+00]
 5  i= 4 xx= [240. 320.] softmax(xx)= [1.80485139e-35 1.00000000e+00]
 6  i= 5 xx= [300. 400.] softmax(xx)= [3.72007598e-44 1.00000000e+00]
 7  i= 6 xx= [360. 480.] softmax(xx)= [7.66764807e-53 1.00000000e+00]
 8  i= 7 xx= [420. 560.] softmax(xx)= [1.58042006e-61 1.00000000e+00]
 9  i= 8 xx= [480. 640.] softmax(xx)= [3.25748853e-70 1.00000000e+00]
10  ch7ex2.py:6: RuntimeWarning: overflow encountered in exp
11    sm=np.exp(x)/np.sum(np.exp(x))
12  ch7ex2.py:6: RuntimeWarning: invalid value encountered in true_divide
13    sm=np.exp(x)/np.sum(np.exp(x))
14  i= 9 xx= [540. 720.] softmax(xx)= [ 0. nan]
```

　この実行結果からわかるように，$i = 9$ のときに（xx の 2 番目の要素）$= 720$ で指数関数 e^x がオーバフローし，ソフトマックス関数の値が正しく計算できなくなっています．

　この問題の対策を以下に示します．まず，計算式の導出から説明します．

　ベクトル $\mathbf{x}$ の要素 $x_1, x_2, \ldots, x_N$ のうちの最大値を $x_{\max}$ とすれば，ソフトマックス関数の要素 $s_i(\mathbf{x})$ $(i = 1, 2, \ldots, N)$ について，以下のように求められます．

$$
\begin{aligned}
s_i(\mathbf{x}) &= \frac{e^{x_i}}{\displaystyle\sum_{n=1}^{N} e^{x_n}} \\
&= \frac{e^{x_i - x_{\max} + x_{\max}}}{\displaystyle\sum_{n=1}^{N} e^{x_n - x_{\max} + x_{\max}}} \\
&= \frac{e^{x_{\max}} e^{x_i - x_{\max}}}{e^{x_{\max}} \left(\displaystyle\sum_{n=1}^{N} e^{x_n - x_{\max}}\right)} = \frac{e^{x_i - x_{\max}}}{\displaystyle\sum_{n=1}^{N} e^{x_n - x_{\max}}}
\end{aligned} \tag{7.13}
$$

　式 (7.13) では，分子において $x_i - x_{\max} \leq 0$ となり，分母においても $x_n - x_{\max} \leq 0$ となります．したがって，指数関数 e^x の値は $x < 0$ のとき 1 以下であるので，オー

バフローを回避することができます.

　式 (7.13) にもとづき, ソースコードにあるソフトマックス関数を定義を書き直して, ソースコード 7.2 を**ソースコード 7.3** に変更します.

ソースコード 7.3　ch7ex3.py

```
 1  # ソフトマックス関数のオーバフロー対策
 2  import numpy as np
 3
 4  # ソフトマックス関数
 5  def softmax(x):
 6      xmax = np.max(x)
 7      sm = np.exp(x-xmax)/np.sum(np.exp(x-xmax))
 8
 9      return sm
10
11  #メイン処理
12  x = np.array([6.0, 8.0])
13  for i in range(10):
14      xx = 10.0*i*x
15      print("i=", i, "xx=", xx, "softmax(xx)=", softmax(xx))
```

▶ 実行結果

```
 1  i= 0 xx= [0. 0.] softmax(xx)= [0.5 0.5]
 2  i= 1 xx= [60. 80.] softmax(xx)= [2.06115362e-09 9.99999998e-01]
 3  i= 2 xx= [120. 160.] softmax(xx)= [4.24835426e-18 1.00000000e+00]
 4  i= 3 xx= [180. 240.] softmax(xx)= [8.75651076e-27 1.00000000e+00]
 5  i= 4 xx= [240. 320.] softmax(xx)= [1.80485139e-35 1.00000000e+00]
 6  i= 5 xx= [300. 400.] softmax(xx)= [3.72007598e-44 1.00000000e+00]
 7  i= 6 xx= [360. 480.] softmax(xx)= [7.66764807e-53 1.00000000e+00]
 8  i= 7 xx= [420. 560.] softmax(xx)= [1.58042006e-61 1.00000000e+00]
 9  i= 8 xx= [480. 640.] softmax(xx)= [3.25748853e-70 1.00000000e+00]
10  i= 9 xx= [540. 720.] softmax(xx)= [6.71418429e-79 1.00000000e+00]
```

　プログラムの実行中にオーバフローすることなく, ソフトマックス関数の値が正しく計算できていることがわかります.

7.3.4　重みの初期値の設定

　しかし, さらに注意することがあります. ポイント 7.1 (125 ページ) では, 重みの初期値を「適切な任意値」としています. 学習プログラムを作成するとき, 重みの配列の初期値が適切でないと, 重みがその最適値に到達しにくい場合があります.

　例えば, 次節の XOR ゲートの学習プログラムでは, 第 1 層の重みの全要素が同じ値だと, RMSE が減少しなくなり, 学習が収束しなくなります. 特に, 数値計算ライ

ブラリ NumPy の zeros() 関数[*3]や ones() 関数[*4]を使って重みの初期値を設定するようなことは避けたほうがよいでしょう．

多入力多出力のパーセプトロンの重み行列は一般的な N 行 M 列の行列となります．ここで，重み行列の左上の角から小さい次元数で単位行列にして，残りの部分は 0 要素にするような初期値にします．例えば，N 行 M 列（$N < M$）の重みの配列の場合，その初期値を以下のように設定します．

$$\mathbf{W} \text{ の初期値} = \begin{pmatrix} 1 & 0 & \dots & 0 & 0 & \dots & 0 \\ 0 & 1 & \dots & 0 & 0 & \dots & 0 \\ \vdots & \vdots & \ddots & \vdots & \vdots & \ddots & \vdots \\ 0 & 0 & \dots & 1 & 0 & \dots & 0 \end{pmatrix} \tag{7.14}$$

このような配列は，数値計算ライブラリ NumPy の eye() 関数[*5]を使えば，簡単に作成できます．

7.4 プログラム例：XOR ゲートの学習問題

1 出力 2 層のニューラルネットワークの例題として，前節で説明した XOR ゲートの学習問題のプログラムを示します．

例題 7.2

数値計算ライブラリ NumPy を用いて，以下の仕様要求を実現するプログラムを作成しなさい．

1. ファイルからデータを読み込んで，学習用データセットを用意する．
2. 以下の処理を繰り返す．
   1) 1 出力 2 層ニューラルネットワークの出力を計算する．
   2) 第 2 層と第 1 層の誤差を計算する．
   3) 学習の状況を評価する RMSE を計算する．
   4) 繰返し番号，XOR ゲートの出力，ニューラルネットワークの出力，および RMSE を表示する．
   5) RMSE が与えられた許容値より小さくなった場合，繰返しを終了

[*3] 要素がすべて 0 の配列を作成します．
[*4] 要素がすべて 1 の配列を作成します．
[*5] 指定された場所からの対角線上の要素をすべて 1，それ以外の要素をすべて 0 とする N 行 M 列の 2 次元配列を作成します．$N = M$ のとき，単位行列になります．

　　　　する.
　　6)　確率的勾配降下法により，第 1 層と第 2 層の重みを更新する.
　3.　繰返し終了後，以下の処理を行う.
　　1)　学習結果として重みを表示する.
　　2)　学習の過程を表す RMSE–サンプルグラフを作成して，PNG 形式で
　　　　ファイルに保存する.

ソースコード 7.4　ch7ex4.py

```
1   # 1出力2層 ニューラルネットワークによるXORゲートの学習
2   import numpy as np
3   import matplotlib.pyplot as plt
4   import datetime
5
6   np.set_printoptions(formatter={'float': '{:.4f}'.format})
7
8   # シグモイド関数
9   def sigmoid(x):
10      return 1/(1+np.exp(-x))
11
12  # ソフトマックス関数
13  def softmax(x):
14      xmax = np.max(x)
15      sm = np.exp(x-xmax)/np.sum(np.exp(x-xmax))
16
17      return sm
18
19  # データの用意
20  def preparedata(datafilename):
21      # データを読み込む.
22      data = np.load(datafilename)
23      #print(data.files)
24      # xxの正規化
25      xxmax = np.amax(data["x"])
26      xx = data["x"]/xxmax
27      yy = data["y"]
28      kk, mm = xx.shape
29      one = np.ones([kk,1])
30      onexx = np.concatenate((one,xx), 1)
31
32      return onexx, yy
33
34  # 第1層（多出力）の重みの学習
35  def layer1weightlearning(wwold, deltak, xxk, uuk, eta):
```

```
36        nn, mm = wwold.shape
37        wwnew = np.empty([nn, mm])
38        for n in range(nn):
39            for m in range(mm):
40                wwnew[n, m] = wwold[n, m] + ↵
                    eta*deltak[n]*uuk[n]*(1-uuk[n])*xxk[m]
41
42        return wwnew
43
44    # 第2層（単出力）の重みの学習
45    def layer2weightlearning(wwold, deltak, xxk, zzk, eta):
46        wwnew = wwold + eta*deltak*xxk*zzk*(1-zzk)
47
48        return wwnew
49
50    def singleoutneuralnetwork(wwl1, wwl2, xxwith1k):
51        yyk = np.dot(wwl1,xxwith1k)
52        uuk = softmax(yyk)
53        vvk = np.dot(wwl2,uuk)
54        zzk = sigmoid(vvk)
55
56        return yyk, uuk, vvk, zzk
57
58    # 誤差の評価(単出力)
59    def evaluateerror(error, shiftlen, k):
60        if(k>shiftlen):
61            errorshift = error[k+1-shiftlen:k]
62        else:
63            errorshift = error[0:k]
64        evalerror = np.sqrt(np.dot(errorshift, ↵
            errorshift)/len(errorshift))
65
66        return evalerror
67
68    # グラフを作成
69    def plotevalerror(evalerror, kk):
70        x = np.arange(0, kk, 1)
71        plt.figure(figsize=(10, 6))
72        plt.plot(x, evalerror[0:kk])
73        plt.title("Root Mean Squared Error", fontsize=20)
74        plt.xlabel("k", fontsize=16)
75        plt.ylabel("RMSE", fontsize=16)
76        plt.savefig("ch7ex4fig1.png")
77
78        return
79
```

```python
80   # メイン関数
81   def main():
82       #第1層の学習率
83       eta1 = 1.0
84       #第2層の学習率
85       eta2 = 6.0
86       #第1層出力数(第2層入力数)
87       nn = 3
88       shiftlen = 100
89       epsilon = 1.0/(float(shiftlen))
90       # データを用意
91       xxwith1, tt = preparedata("./xorgate10000.npz")
92       kk, mm = xxwith1.shape
93       print("サンプル数=",kk)
94       print("第1層入力数=",mm)
95       print("第1層出力数(第2層入力数)=",nn)
96       print("第2層出力数=",1)
97       # 初期値の設定
98       wwl1old = np.eye(nn, mm, dtype=float)
99       wwl2old = np.ones(nn)
100      deltal1k = np.zeros(nn)
101      deltal2 = np.zeros(kk)
102      evalerror = np.zeros(kk)
103      # メイン繰返し：学習過程
104      for k in range(kk):
105          yyk, uuk, vvk, zzk = singleoutneuralnetwork(wwl1old, ←
                  wwl2old, xxwith1[k])
106          deltal2[k] = tt[k] - zzk
107          for n in range(nn):
108              deltal1k[n] = deltal2[k]*wwl2old[n]
109          evalerror[k] = evaluateerror(deltal2, shiftlen, k)
110          print("k={0:4d}␣␣␣tt={1:.0f}␣␣␣zz={2:.8f}␣␣␣␣←
                  evalerror ={3:.8f}".format(k, tt[k], zzk, evalerror[k]))
111          if(k>shiftlen and evalerror[k]<epsilon):
112              break
113          wwl1new = layer1weightlearning(wwl1old, deltal1k, ←
                  xxwith1[k], uuk, eta1)
114          wwl2new = layer2weightlearning(wwl2old, deltal2[k], uuk, ←
                  zzk, eta2)
115          wwl1old = wwl1new
116          wwl2old = wwl2new
117      # 重みの学習結果を表示
118      print("学習の結果:")
119      print("第1層の重み")
120      for n in range(nn):
121          print(str(n)+"行=", wwl1old[n, :])
```

```
122        print("第2層の重み")
123        print(wwl2old)
124        plotevalerror(evalerror, k)
125
126        return
127
128 # ここから実行
129 if __name__ == "__main__":
130        start_time = datetime.datetime.now()
131        main()
132        end_time = datetime.datetime.now()
133        elapsed_time = end_time - start_time
134        print("経過時間=", elapsed_time)
135        print("すべて完了␣!!! ")
```

💬 ソースコードの解説

6:　配列の表示を小数点以下 4 桁に設定します.

13〜17:　オーバーフロー対策済みのソフトマックス関数を定義します.

13:　関数の定義文. 関数名を softmax とつけます. 引数として, 配列 x を指定します.

14:　配列 x から最大値を取り出して, xmax に代入します.

15:　x − xmax のソフトマックス関数を計算して, sm に代入します.

17:　return 文. 戻り値として, 配列 sm を指定します.

35〜42:　第 1 層の重みを更新する関数を定義します.

35:　関数の定義文. 関数名を layer1weightlearning とつけます. 引数として, 古い重み wwold, 誤差 deltak, 入力 xxk, 出力 uuk, 学習率 eta を指定します.

36:　wwold の行数と列数を取得して, 変数 nn, 変数 mm に代入します.

37:　行数 nn, 列数 mm の空の配列を生成して, wwnew に代入します.

38〜40:　二重 for 文ブロック. 2 次元配列 wwnew の全要素を計算します.

38:　外側の for 文. 作業変数 n は, 配列の行番号になります.

39:　内側の for 文. 作業変数 m は, 配列の列番号になります.

40:　確率的勾配降下法の重みの更新式にしたがって, 新しい重みを計算して wwnew に代入します. なお, ソフトマックス関数の微分の計算を直接取り入れています.

42:　return 文. 戻り値として, 新しい重み wwnew を指定します.

45〜48:　第 2 層の重みを更新する関数を定義します.

45:　関数の定義文. 関数名を layer2weightlearning とつけます. 引数として, 古い重み wwold, 誤差 deltak, 入力 xxk, 出力 zzk, 学習率 eta を指定します.

46:　確率的勾配降下法の重みの更新式にしたがって, 新しい重みを計算して wwnew に代入します. なお, シグモイド関数の微分の計算を直接取り入れています.

48:　return 文. 戻り値として, 新しい重み wwnew を指定します.

50～56:　1 出力 2 層ニューラルネットワークの関数を定義します.

50:　関数の定義文. 関数名を singleoutneuralnetwork とつけます. 引数として, 重み wwl1, wwl2, および, 入力 xxwith1k を指定します.

51:　入力データ xxwith1 と重み wwl1 の行列の積を計算して yyk とします.

52:　yyk についてソフトマックス関数の値を計算して, 第 1 層の出力（第 2 層の入力）uuk を計算します.

53:　入力データ uuk と重み wwl2 の行列の積を計算して vvk とします.

54:　vvk についてシグモイド関数の値を計算して, 第 2 層の出力 zzk を計算します.

56:　return 文. 戻り値として, yyk, uuk, vvk, zzk を指定します.

81～126:　メイン関数を定義します.

81:　関数の定義文. 関数名を main とつけます.

83:　第 1 層の学習率 eta1 の値を設定します.

85:　第 2 層の学習率 eta2 の値を設定します.

87:　第 1 層の出力数 nn の値を設定します.

88:　評価対象期間の長さ shiftlen の値を設定します.

89:　許容値 epsilon を設定します.

91:　preparedata() 関数を呼び出して, 受け取ったデータを配列 xxwith1, 配列 tt に代入します.

92:　配列 xxwith1 の行数, 列数を kk と mm に代入します.

93～96:　データ数, 第 1 層の入力数, 第 1 層の出力数（第 2 層の入力数）, 第 2 層の出力数を表示します.

98:　第 1 層の重み行列の初期値を設定します（例題 7.1（127 ページ））における重みの初期値の設定を参照してください).

99:　第 2 層の重み配列 wwl2 の全要素を 1 に設定します.

100:　k 回目における第 1 層の誤差配列を, 初期値 0 で作成します.

101:　第 2 層の誤差配列を初期値 0 で作成します.

102:　誤差を評価するための 1 次元配列 evalerror を初期値 0 で作成します.

104～116:　for 文ブロック. この部分がメインの繰返し処理です.

104:　for 文. 作業変数 k には, $[0, 1, \ldots, kk - 1]$ から順次, 値をとります.

105:　singleoutneuralnetwork() 関数を呼び出して, yyk, uuk, vvk, zzk を計算します.

106:　第 2 層の誤差 delta2 を計算します.

107～108:　第 1 層の各出力の誤差を計算します.

109:　evaluateerror() 関数を呼び出して, 出力誤差を評価する evalerror を計算します.

110:　出力形式を指定して, k, tt, zz, evalerror を表示します.

111～112:　if 文ブロック. k が shiftlen より大きく, かつ, evalerror が epsilon 小さくなったとき, 繰返しを中止します.

113:　layer1weightlearning() 関数を呼び出して，新しい重み wwl1new を計算します.

114:　layer2weightlearning() 関数を呼び出して，新しい重み wwl2new を計算します.

115:　新旧交代. wwl1new を wwl1old に代入します.

116:　新旧交代. wwl2new を wwl2old に代入します.

118〜123:　第 1 層と第 2 層の重みの学習結果をグラフで表示します.

124:　plotevalerror() 関数を呼び出して，RMSE–サンプルグラフを作成します.

126:　return 文.

▣　**実行結果**

```
 1  ......
 2  （略）
 3  ......
 4  k=2206    tt=1    zz=0.98948256    evalerror=0.01011462
 5  k=2207    tt=0    zz=0.00912889    evalerror=0.01011069
 6  k=2208    tt=1    zz=0.98951324    evalerror=0.01010773
 7  k=2209    tt=1    zz=0.98958420    evalerror=0.01009701
 8  k=2210    tt=0    zz=0.00857647    evalerror=0.01010681
 9  k=2211    tt=0    zz=0.00842072    evalerror=0.01009986
10  k=2212    tt=1    zz=0.98862306    evalerror=0.01007567
11  k=2213    tt=0    zz=0.00907370    evalerror=0.01007505
12  k=2214    tt=0    zz=0.00830436    evalerror=0.01005210
13  k=2215    tt=0    zz=0.00816581    evalerror=0.01002361
14  k=2216    tt=0    zz=0.00889708    evalerror=0.01001580
15  k=2217    tt=1    zz=0.98846202    evalerror=0.01001102
16  k=2218    tt=0    zz=0.00806811    evalerror=0.01003415
17  k=2219    tt=1    zz=0.98850170    evalerror=0.01002368
18  k=2220    tt=1    zz=0.98928877    evalerror=0.01002944
19  k=2221    tt=1    zz=0.98864859    evalerror=0.01004419
20  k=2222    tt=0    zz=0.00817940    evalerror=0.01004382
21  k=2223    tt=0    zz=0.00804819    evalerror=0.01003857
22  k=2224    tt=0    zz=0.00792464    evalerror=0.01001014
23  k=2225    tt=1    zz=0.98851494    evalerror=0.00997688
24  学習の結果:
25  第1層の重み
26  0行= [-3.3007 -3.8148 -1.0336]
27  1行= [-6.2213 1.7708 -6.7672]
28  2行= [-6.1754 -9.6326 4.6669]
29  第2層の重み
30  [-5.8108 5.1696 5.1277]
31  経過時間= 0:00:00.555020
32  すべて完了 !!!
```

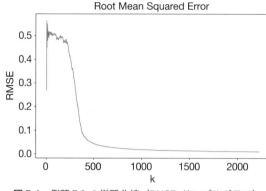

図 7.4 例題 7.2 の学習曲線（RMSE–サンプルグラフ）

表 7.2 XNOR ゲートの真理値表

入力		出力
x1	x2	z
0	0	1
0	1	0
1	0	0
1	1	1

演 習 問 題

問題 7.1 例題 7.1（127 ページ）のプログラムをもとに，以下のような仕様変更を実現するプログラムを作成しなさい．

1. XOR ゲートを，**表 7.2** に示す真理値表をもつ **XNOR（否定排他的論理和）**ゲートに変更する．
2. 作成したデータを xnorgate10000.npz に保管する．

問題 7.2 例題 7.2（131 ページ）のプログラムをもとに，以下のような仕様変更を実現するプログラムを作成しなさい．

> 学習用データを，問題 7.1 で作成した XNOR ゲートのデータ xnorgate10000.npz に置き換える．
> 必要に応じて，繰返し回数，第 1 層の出力数 nn，第 1 層の学習率 eta1，第 2 層の学習率 eta2 を調整すること．

## 第8章

ニューラルネットワークを多層にする

　本章では，いよいよ一般的なニューラルネットワークについて説明します．すなわち，多出力のパーセプトロンをいく層にも重ねて，多層のニューラルネットワークにします．

　まず，多出力多層のニューラルネットワークのシステム構成を確認して，記号などを整理します．そして，多出力多層のニューラルネットワークにおける確率的勾配降下法を明確に記述します．そのうえで，ニューラルネットワークにおいて大変重要な手法である誤差逆伝播法の原理について詳しく説明します．

　最後に，手書き数字の digits データセットを扱い，多出力 3 層のニューラルネットワークの学習問題のプログラムを示します．

8.1　多出力多層のニューラルネットワーク

　前章では，多出力のパーセプトロンに単純パーセプトロンを接続した 1 出力 2 層ニューラルネットワークについて説明しました．この第 2 層を，単純パーセプトロンから多出力のパーセプトロンに置き換えれば，**図 8.1** のような多出力 2 層のニューラルネットワークになります．ここで，最後の出力も多出力であることが重要です．あとは，好きなだけ多出力のパーセプトロンを重ねて層を増やしていけば，ニューラルネットワークを多層にすることができます．

　システムの全体構成をより簡単に描くために，ここでより一般的な層を定義します．図 8.1 から 1 つの層（多出力のパーセプトロン）を切り出して，一般的な層として使います．また，切り出した部分について，入力端子，出力端子，および重みの記号に層番号を入れて改め，**図 8.2** に示します．以降では，これを**単層ユニット**と呼びます．

　図 8.2 は，第 l 層の単層ユニットです．この図において，入力については，x を用いて表します．また，第 l 層の入力の場合は，x の右上に添字 l をつけて表します．例えば，x_m^l は第 l 層の m 番目の入力という意味になります．

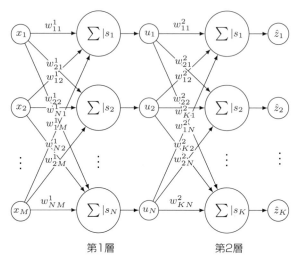

図 8.1　多出力 2 層のニューラルネットワークの構成図

　そして，出力については，$\hat{z}$ を用いて表します．また，第 l 層の出力の場合は，z の右上に添字 l をつけて表します．例えば，$\hat{z}_n^l$ は第 l 層の n 番目の出力という意味になります．

　さらに，重みについては，w を用いて表します．また，第 l 層の重みの場合は，w の右上に添字 l をつけて表します．例えば，w_{nm}^l は第 l 層の m 番目の入力から第 n 番目の出力につながる重みという意味になります．

　単層ユニット（第 l 層）の入出力関係を考えてみましょう．これは，式 (6.5) と式 (6.6)（104～105 ページ）に層を表す添字 l をつければできます．単層ユニット（第 l 層）の線形結合器の部分は，次の式で表すことができます．

$$\mathbf{y}^l = \mathbf{W}^l \mathbf{x}^l \tag{8.1}$$

　これを活性化関数 $\mathbf{f}^l(\cdot)$ に通せば，第 l 層の出力 $\hat{z}_n^l\,(n = 1, 2, \ldots, N^l)$ は以下のようになります．

$$\hat{\mathbf{z}}^l = \mathbf{f}^l(\mathbf{y}^l) \tag{8.2}$$

　最後に，これらの演算処理（図 8.2 において破線で囲まれた部分に相当する）を 1 つのベクトル関数 $\mathbf{g}(\cdot)$ にまとめて，単層ユニットの入出力関係を以下のように表します．

$$\hat{\mathbf{z}}^l = \mathbf{g}^l(\mathbf{x}^l) \tag{8.3}$$

このような入出力関係を表すブロック図を**図 8.3** に示します．

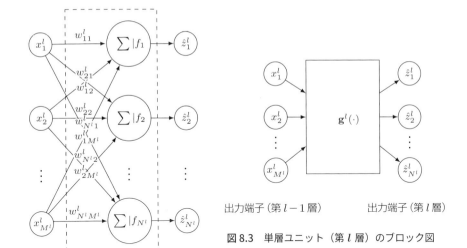

入力端子（第 l 層）　　　　　出力端子（第 l 層）

図8.2　単層ユニット（第 l 層）の構成図

出力端子（第 $l-1$ 層）　　　　出力端子（第 l 層）

図 8.3　単層ユニット（第 l 層）のブロック図

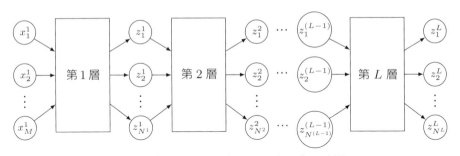

図8.4　多層ニューラルネットワークのブロック図

　図 8.3 の単層ユニットを必要な層分，**縦続接続**[*1]（cascade connection）することで，**図 8.4** のように，任意の層数をもつ一般的なニューラルネットワークのシステム構成が得られます．このとき，単層ユニット（第 l 層）の入出力関係式（式 (8.3)）を，前の層の出力が次の層の入力となるように書けば，以下の一連の数式で図 8.4 全体の演算処理を表すことができます．

[*1]　前のユニットの出力を，次のユニットの入力につなぐように接続することを 縦続 接続といいます．

$$
\begin{cases}
\hat{\mathbf{z}}^1 = \mathbf{g}^1(\mathbf{x}^1) \\
\hat{\mathbf{z}}^2 = \mathbf{g}^2(\mathbf{z}^1) \\
\quad \vdots \\
\hat{\mathbf{z}}^L = \mathbf{g}^L(\mathbf{z}^{(L-1)})
\end{cases}
\tag{8.4}
$$

8.2　一般的なニューラルネットワークの確率的勾配降下法

　一般的なニューラルネットワークに，確率的勾配降下法を適用していきます．と いっても，層の繰返しを導入したうえで，各層の入出力と重みの記号を変更するだけ で，基本的な学習アルゴリズムは前章までと同じです．

ポイント 8.1　一般的なニューラルネットワークの 確率的勾配降下法

　損失関数に 2 乗誤差を採用したとき，一般的な（＝多出力多層の）ニューラルネッ トワークの各層の重み w_{nm}^l ($l = 1, 2, \ldots, L$, $n = 1, 2, \ldots, N^l$, $m = 1, 2, \ldots, M^l$) の最適解は，以下の手順によって見つけることができる．

1. 各層の重みの初期値：
   for each 層 l ($l = 1, 2, \ldots, L$)：

   $$
   w_{nm}^l(0) = (適切な任意値)
   \tag{8.5}
   $$

2. 繰返し処理：
   1) 各層の誤差の更新：
      for each 層 l ($l = L, L-1, \ldots, 2, 1$)：

      $$
      \delta_n^l(k) =
      \begin{cases}
      z_n(k) - \hat{z}_n(k) & (l = L) \\
      \displaystyle\sum_{i=1}^{N^{(l+1)}} w_{ni}^{(l+1)}(k)\, \delta_i^{(l+1)}(k) & (l \neq L)
      \end{cases}
      \tag{8.6}
      $$

   2) 各層の重みの更新：
      for each 層 l ($l = 1, 2, \ldots, L$)：

$$
w_{nm}^l(k+1) =
\begin{cases}
w_{nm}^l(k) + \eta^l \delta_n^l(k) f'_{nn}(\mathbf{y}^l(k)) x_m^l(k) \\
\qquad\qquad (l = 1) \\
w_{nm}^l(k) + \eta^l \delta_n^l(k) f'_{nn}(\mathbf{y}^l(k)) z_m^{(l-1)}(k) \\
\qquad\qquad (l \neq 1)
\end{cases}
$$

$$(8.7)$$

ここで，η^l は，第 l 層の学習率で，$f^l(\cdot)$ は第 l 層の活性化関数である．右下の添字の m は，第 1 層においては，ニューラルネットワーク全体の入力 x の番号で，それ以外の場合，前の層の出力 $\hat{z}^{(l-1)}$ の番号となる．また，右下の添字の n は各層の出力（次の層の入力）$\hat{z}^l$ の番号を表す[*2]．

8.3 誤差逆伝播法

ポイント 8.1 中の式 (8.6) を，**誤差逆伝播法**（backpropagation）[*3]といいます．この手法，またはアイデアは，ニューラルネットワークにとってとても重要なものですので，ここでもう少し詳しく解説します．

式 (8.6) は，2 つのケースに分けてあります．1 つ目のケース，最終層 $(l = L)$ では，目標値が与えられているので，ニューラルネットワークの最終層 $(l = L)$ における出力値との差（誤差）を求めることができます．

$$
\underbrace{\delta_n^L(k)}_{\text{目標値と最終層の出力値の誤差}} = z_n(k) - \hat{z}_n^L(k)
$$

目標値と最終層の出力値の誤差を求める式

2 つ目のケース，最終層以外の層 $(l \neq L)$ では，その層における目標値がわからないので，誤差を直接求めることができません．しかし，最終層での誤差をもとにして，以下のように，次々に前の層の誤差を求めていくことができます．

$$
\underbrace{\delta_n^l(k)}_{\text{第 } l \text{ 層の誤差}} = \sum_{i=1}^{N^{(l+1)}} w_{ni}^{(l+1)}(k) \underbrace{\delta_i^{(l+1)}(k)}_{\text{第 } l+1 \text{ 層の誤差}}
$$

第 l 層における誤差を求める式

このように，1 つ後ろの第 $l+1$ 層の誤差から，第 l 層の誤差を求めることができ

[*2] ここで特に，各層の出力数 N^l は，それぞれの層で異なることに注意してください．

[*3] 英語の発音をそのままカタカナで表して，バックプロパゲーションということもよくあります．また，誤差逆伝搬法ということもあります．

ます．そして，これによって得られた誤差 $\delta_n^l(k)$ が，式 (8.7) で重みの更新に使われます[*4].

　けれども，どうして誤差逆伝播法というのでしょうか．これは，一般に信号の流れる方向を**順伝播**（forward propagation）というからです．例えば，図 8.4 では，左側が入力（l 層），右側は出力（$l+1$ 層）となっています．通常，このように信号が左から右へ流れることを順伝播といいます．順伝播のとき，第 $l+1$ 層の出力は以下のように計算できます．

$$\hat{z}_n^{(l+1)} = w_{n1}^{(l+1)}\hat{z}_1^{(l)} + w_{n2}^{(l+1)}\hat{z}_2^{(l)} + \cdots + w_{nN^{(l)}}^{(l+1)}\hat{z}_{N^{(l)}}^{(l)} \tag{8.8}$$

　一方，式 (8.6) の，第 l 層の誤差の計算式をすべての $i = 1, 2, \ldots, N^{l+1}$ に対して展開して書くと以下のようになります．

$$\delta_n^l = w_{n1}^{(l+1)}\delta_1^{(l+1)} + w_{n2}^{(l+1)}\delta_2^{(l+1)} + \cdots + w_{nN^{(l+1)}}^{(l+1)}\delta_{N^{(l+1)}}^{(l+1)} \tag{8.9}$$

式 (8.8) から類推すると，第 $l+1$ 層の誤差が入力，第 l 層の誤差が出力になっています．これは，誤差が後ろの層から前の層へ**逆伝播**（backward propagation）していることを意味します．したがって，誤差逆伝播法と呼ばれるようになったわけです．

　この式を構成図で描くと，**図 8.5** のようになります．

　図 8.5 と図 8.2（141 ページ）を比較すると，確かに，第 l 層と第 $l+1$ 層が同じ位置にあり，重みも同じですが，図 8.5 では流れを示す矢印の向きがすべて逆になっており，第 $l+1$ 層の誤差が入力で，第 l 層の誤差が出力になっています．

8.4　学習プログラムを作成するための補足説明

8.4.1　サイズの異なる配列をまとめる

　一般的なニューラルネットワークでは，各層の入力数や出力数が任意ですから，一般に各層の重み行列の**サイズ**[*5]が異なります．

　一方，前章までは，入力数と出力数は固定されていましたので，重み行列のサイズはすべて同じであり，したがってプログラミングのとき，重みを 2 次元の配列で表すことができた（重み行列のサイズは同じとして，無視できた）のでした．しかし，各層の重み行列のサイズが異なる場合，重み行列のサイズを明らかにする必要があります．

　ここで，単純に配列の次元を 1 つ増やして，3 次元配列で表せればよいのですが，

[*4]　このことからわかるように，誤差逆伝播法は手法を表す「法」という単語が付いていますが，多層ニューラルネットワークの確率的勾配降下法の処理手順の一部です．単独で動作できる学習アルゴリズムではありません．

[*5]　行列の，行の数と列の数の対のこと．**大きさ**，または，**型**ともいいます．

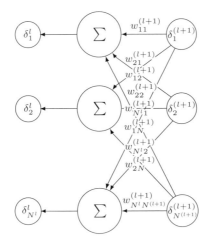

第 l 層の誤差　　第 $l+1$ 層　　第 $l+1$ 層の誤差

図 8.5　第 $l+1$ 層における誤差の逆伝播

NumPy で 3 次元配列を利用すると問題が生じます．なぜなら，NumPy の多次元配列とは，「同じサイズや同じデータ型の」複数要素を 1 つの集合変数にまとめるものだからです．対して，重み行列のサイズは層によって異なるので，NumPy の多次元配列を使って 3 次元配列で表すことができないのです．

　とはいえ，効率よくプログラミングするためには，とにかく重みに関する情報を 1 つの変数に入れておく必要があります．各層で重みに関する情報を 1 つの変数に入れることで，添字から個別の重みを取り出すことができるからです．

　この問題の解決策の 1 つとして，NumPy の多次元配列のかわりに，Python のディクショナリを使います．Python の**ディクショナリ**[*6](dictionary) とは

$$\{\text{key } 1 : \text{value } 1, \text{key } 2 : \text{value } 2, \text{key } 3 : \text{value } 3, \cdots, \text{key } n : \text{value } n\}$$

のようにキー（key）とバリュー（value）のペアの集合でデータを保持するデータ型です．

　この Python のディクショナリを使って，キーのところに層番号を表す文字列を入れ，バリューのところに重みの 2 次元配列を入れれば，各層の重みを 1 つの変数としてまとめることができます．**ソースコード 8.1** では，重みを更新する関数のところ

[*6] Python のデータ型の 1 つである dictionary の日本語訳です．**辞書**というときもありますが，通常の意味の日本語や英語の辞書と区別するために，ディクショナリが使われています．

で，以下のように l 番目の層のキーとして文字列 Ll を使っています.

```
wwnew={} # 空のディクショナリを用意する.
for l in range(ll): # llは総層数，lは層の番号
    layer = "L"+str(l) # ディクショナリのキーlayerをつくる.
    ... # 単層重みの2次元配列wwnewtmpを計算する.
    wwnew[layer] = wwnewtmp  # 各層の2次元重み配列wwnewtmpをディクショナ
リに入れる.
```

次節のプログラム例では，信号の順伝播や誤差逆伝播の関数にもこのようなやり方を使っています.

8.4.2　分類結果の評価指標

また，一般的なニューラルネットワークの学習ができ，分類問題を解決できたとき，その性能を評価するための指標（評価指数）が必要となります.

分類問題とは，対象物の特徴を表す特徴量のデータによって，対象物をもともと定められた種類に分けることです. しかし，分類システムを使って，たくさんのデータサンプルについて分類を行った結果，正しいものもあれば，正しくないものも出てきます. そのため，分類システムの性能を評価するために，何らかの評価指標が必要となります. ここで，すべての分類結果を状況別に分けて整理すれば，**表 8.1** のような**混同行列**（confusion matrix）をつくることができます.

表 8.1　混同行列

分類結果の件数		真値	
		Positive	Negative
推測値	Positive	TP	FP
	Negative	FN	TN

ここでの真値は正しい分類，推測値はニューラルネットワークの分類結果を示します. また，Positive は分類したいものであったこと，Negative は分類の対象外であったことを表します.

- **TP**：True Positive（**真陽性**）の略で，真値の Positive を正しく Positive と推測できた件数を表します.

- **FP**： False Positive（**偽陽性**）の略で，真値の Negative を誤って Positive と推測してしまった件数を表します.
- **FN**： False Negative（**偽陰性**）の略で，真値の Positive を誤って Negative と推測してしまった件数を表します.
- **TN**： True Negative（**真陰性**）の略で，真値の Negative を正しく Negative と推測できた件数を表します.

これらの TP，FP，FN，TN を用いて，以下のように各種の評価指標を定義します.

- **正解率（精度）**：すべての分類結果の件数に対する，正解した件数の割合を**正解率**（accuracy，**精度**）といい，以下の式で定義します.

$$(正解率) = \frac{TP + TN}{TP + FP + TN + FN} \tag{8.10}$$

- **適合率**：Positive と推測した分類結果の件数に対する，真値の Positive の件数の割合を**適合率**（precision）といい，以下の式で定義します.

$$(適合率) = \frac{TP}{TP + FP} \tag{8.11}$$

- **再現率**：すべての真値の Positive の件数に対する，Positive と推測した件数の割合を**再現率**（recall）といい，以下の式で定義します.

$$(再現率) = \frac{TP}{TP + FN} \tag{8.12}$$

- **F 値**：正解率と適合率の調和平均を **F 値**（F measure/F score/F1 score）といい，以下の式で定義します.

$$(F 値) = \frac{2}{\dfrac{1}{(適合率)} + \dfrac{1}{(再現率)}} = \frac{2 \cdot (適合率) \cdot (再現率)}{(適合率) + (再現率)} \tag{8.13}$$

8.5 プログラム例：手書き数字を認識する学習問題

Python の機械学習ライブラリ scikit-learn にある手書き数字の digits データセット[*7]を用いて，多出力 3 層ニューラルネットワークを用いた文字認識の学習問題のプログラムを実現します. 3 層ニューラルネットワークとは，単層ユニットを 3 つ縦続接続したものです.

[*7] digits データセットについては，本章の章末のコラム参照.

例題 8.1

数値計算ライブラリ NumPy を用いて，以下の仕様要求を実現するプログラム
を作成しなさい.

1. エポックによって，以下の処理を繰り返す.
    1) 学習用データを用意する.
        i. Python の機械学習ライブラリ scikit-learn にある手書き数字の
           digits データセットを取得する.
        ii. データをシャッフルする.
        iii. 個々の属性を表すデータ（属性データ）の正規化を行う.
        iv. ラベルのデータを one-hot ベクトルに変換する.
    2) 各データで，以下の処理を繰り返す.
        i. 各層の出力を計算する.
        ii. 各層の誤差を計算する.
        iii. 学習の状況を評価する RMSE を計算する.
        iv. RMSE が許容値より小さくなった場合に，繰返しを終了する.
        v. 確率的勾配降下法により，各層の重みを更新する.
    3) 学習結果の重みを配列に保存する.
    4) RMSE を配列に保存する.
    5) RMSE が許容値より小さくなった場合に，繰返しを終了する.
2. エポックによる繰返し終了後，以下の処理を行う.
    1) 分類結果の評価指標を計算して表示する.
    2) 学習結果の重みを表示する.
    3) 学習の過程を示す学習曲線（RMSE–エポックグラフ）を作成して，
       PNG 形式でファイルに保存する.

ソースコード 8.1　ch8ex1.py

```
1  # digitsデータセットの学習 ＋ 学習曲線グラフ作成
2  # 構成：多層多クラスニューラルネットワーク
3  # 活性化関数：出力層はソフトマックス関数，それ以外はシグモイド関数
4  # 設定パラメータ：総層数，各層の学習率，各層（出力層除く）の出力端子数
5  # （入力層の入力端子数と出力層の出力端子数はデータのサイズから自動対応）
6
7  import numpy as np
8  import matplotlib.pyplot as plt
9  import datetime
```

```
10  from sklearn import datasets, metrics
11  from sklearn.utils import shuffle
12
13  # シグモイド関数
14  def sigmoid(x):
15      return 1/(1+np.exp(-x))
16
17  # ソフトマックス関数
18  def softmax(x):
19      xmax = np.max(x)
20      sm = np.exp(x-xmax)/np.sum(np.exp(x-xmax))
21
22      return sm
23
24  # データの用意
25  def preparedata():
26      # データを読み込む.
27      digits = datasets.load_digits()
28      dataxx, datazz = shuffle(digits['data'], digits['target'], ←
          random_state=0)
29      # dataxxの正規化
30      xxmax = np.amax(dataxx)
31      xx = dataxx/xxmax
32      zzmax = np.amax(datazz)
33      # one-hotベクトル
34      datazzonehot = np.zeros([len(datazz),zzmax+1])
35      for t in range(len(datazz)):
36          datazzonehot[t,datazz[t]] = 1
37      tt, mm = xx.shape
38      one = np.ones([tt,1])
39      onexx = np.concatenate((one,xx), 1)
40
41      return onexx, datazzonehot
42
43  # 各層重みの初期化
44  def multilayerweightsinit(ll, mm, nn):
45      wwold = {}
46      for l in range(ll):
47          wwoldtmp = np.eye(nn[l], mm[l], dtype=float)
48          layer = "L"+str(l)
49          wwold[layer] = wwoldtmp
50
51      return wwold
52
53  # 多層誤差の逆伝播
54  def multilayerbackpropagation(ll, ww, errort):
55      deltat = {}
```

```
56      lastlayer = "L"+str(ll-1)
57      deltat[lastlayer] = errort
58      for l in range(ll-2, -1, -1):
59          layer = "L"+str(l)
60          nextlayer = "L"+str(l+1)
61          deltat[layer] = np.dot(ww[nextlayer].T, deltat[nextlayer])
62
63      return deltat
64
65  # 多層重みの学習
66  def multilayerweightslearning(ll, wwold, deltat, xxt, zzt, eta):
67      wwnew = {}
68      for l in range(ll):
69          layer = "L"+str(l)
70          wwoldtmp = wwold[layer]
71          deltattmp = deltat[layer]
72          xxttmp = xxt[layer]
73          zzttmp = zzt[layer]
74          nn, mm = wwoldtmp.shape
75          wwnewtmp = np.empty([nn, mm])
76          for n in range(nn):
77              wwnewtmp[n, :] = wwoldtmp[n, :] + ←
                    eta[l]*deltattmp[n]*zzttmp[n]*(1-zzttmp[n])*xxttmp[:]
78          wwnew[layer] = wwnewtmp
79
80      return wwnew
81
82  # 多層ニューラルネットワーク
83  def multilayerneuralnetwork(ll, wwold, xxwith1t):
84      xxt = {}
85      xxt["L0"] = xxwith1t
86      yyt = {}
87      zzt = {}
88      for l in range(ll):
89          layer = "L"+str(l)
90          yyt[layer] = np.dot(wwold[layer], xxt[layer])
91          if l==ll-1:
92              zzt[layer] = softmax(yyt[layer])
93          else:
94              zzt[layer] = sigmoid(yyt[layer])
95          nextlayer = "L"+str(l+1)
96          xxt[nextlayer] = zzt[layer]
97
98      return xxt, zzt
99
100 # 誤差評価
101 def evaluateerror(error, shiftlen, t):
```

```
102      ll, nn = error.shape
103      errorshift = np.zeros([shiftlen,nn])
104      if(t>=shiftlen):
105          errorshift[0:shiftlen, 0:nn] = error[t-shiftlen:t, 0:nn]
106      else:
107          errorshift[0:t,0:nn] = error[0:t, 0:nn]
108      sqsumerror=np.empty(nn)
109      for n in range(nn):
110          sqsumerror[n] = np.dot(errorshift[:, n], errorshift[:, n])
111      if(t>=shiftlen):
112          evalerror = np.sqrt(np.sum(sqsumerror)/(shiftlen*nn))
113      else:
114          evalerror = np.sqrt(np.sum(sqsumerror)/((t+1)*nn))
115
116      return evalerror
117
118 # グラフを作成する.
119 def plotevalerror(evalerror, tt):
120      x = np.arange(0, tt, 1)
121      plt.figure(figsize=(10, 6))
122      plt.plot(x, evalerror[0:tt])
123      plt.title("Root Mean Squared Error", fontsize=20)
124      plt.xlabel("Epoch", fontsize=16)
125      plt.ylabel("RMSE", fontsize=16)
126      plt.savefig("ch8ex1fig1.png")
127
128      return
129
130 # メイン関数
131 def main():
132      # 基本パラメータの設定
133      ll = 3      # 総層数
134      print("総層数=",ll)
135      eta = [0.01, 0.05, 1.0]   # 各層の学習率
136      shiftlen = 100      # 誤差の評価対象となる期間の長さ
137      epsilon = 0.001   # 誤差評価量の許容値
138      epochs = 200 # エポック数
139      # データを用意する.
140      xxwith1, zztrue = preparedata()
141      tt0, mm0 = xxwith1.shape
142      tt0, nn0 = zztrue.shape
143      print("データサンプル数=",tt0)
144      tt = epochs*tt0
145      mm = np.empty(ll, dtype=np.int16)
146      nn = np.empty(ll, dtype=np.int16)
147      # 各層の出力端子数
148      nn = [10, 10, nn0]
```

```python
149        # 第1層の入力端子数
150        mm[0] = mm0
151        # 第2層以降の入力端子数
152        for l in range(0, ll-1):
153            mm[l+1] = nn[l]
154        for l in range(ll):
155            print("第{0}層：入力端子数={1}␣出
                   力端子数={2}".format(l, mm[l], nn[l]))
156        # 重み初期値の設定
157        wwold = multilayerweightsinit(ll, mm, nn)
158        # 誤差の初期値
159        error = np.zeros([tt, nn0])
160        evalerror = np.zeros(tt)
161        epochevalerror = np.zeros(epochs)
162        breakflag = 0
163        # メイン繰返し：学習過程
164        # エポックの繰返し
165        for epoch in range(epochs):
166            # データを用意する.
167            xx, zztrue = preparedata()
168            # データサンプルの繰返し
169            zzprob = np.empty([tt0, nn0])
170            for t0 in range(tt0):
171                t = epoch*tt0 + t0
172                # 信号の順伝播
173                xxt0, zzt0 = multilayerneuralnetwork(ll, wwold, ←
                       xxwith1[t0])
174                lastlayer = "L"+str(ll-1)
175                zzprob[t0] = zzt0[lastlayer]
176                # 誤差の逆伝播
177                error[t] = zztrue[t0]-zzt0[lastlayer]
178                deltat = multilayerbackpropagation(ll, wwold, error[t])
179                # 誤差の評価
180                evalerror[t] = evaluateerror(error, shiftlen, t)
181                if(t>shiftlen and evalerror[t]<epsilon):
182                    breakflag = 1
183                    break
184                # 重みの更新
185                wwnew = multilayerweightslearning(ll, wwold, deltat, ←
                       xxt0, zzt0, eta)
186                wwold = wwnew
187            epochevalerror[epoch] = evalerror[t]
188            print("epoch={0}␣RMSE={1:.8f}".format(epoch, ←
                   epochevalerror[epoch]))
189            if breakflag==1:
190                break
191        # 分類結果の評価
```

```
192     truelabel = np.argmax(zztrue, axis=-1)
193     zzlabel = np.argmax(zzprob, axis=-1)
194     for true, zz in zip(truelabel, zzlabel):
195         print("真ラベル=", true, "␣推測ラベル=", zz, )
196     print("分類結果の評価:")
197     print("正解率␣=␣←
            {0:.6f}".format(metrics.accuracy_score(truelabel, zzlabel)))
198     print(metrics.classification_report(truelabel, zzlabel))
199     # 重みの学習結果を表示
200     print("重みの学習結果:")
201     for l in range(ll):
202         layer = "L"+str(l)
203         print("第{}層の重み".format(l))
204         wwoldtmp = wwold[layer]
205         for n in range(nn[l]):
206             print(n,"行:", end="")
207             for m in range(mm[l]):
208                 print("{0:8.4f}".format(wwoldtmp[n,m]), end="")
209             print()
210     # 学習曲線の作成と保存
211     plotevalerror(epochevalerror, epoch)
212
213     return
214
215 # ここから実行
216 if __name__ == "__main__":
217     start_time = datetime.datetime.now()
218     main()
219     end_time = datetime.datetime.now()
220     elapsed_time = end_time - start_time
221     print("経過時間=", elapsed_time)
222     print("すべて完了␣!!! ")
```

💬 ソースコードの解説

10: scikit-learn ライブラリから datasets, metrics を読み込みます.

11: scikit-learn ライブラリの utils クラスから shuffle を読み込みます.

27: datasets の digits データセットを読み込んで，digits に代入します.

44〜51: 各層の重みを初期化する関数を定義します.

44: 関数の定義文. 関数名を multilayerweightsinit とつけます. 引数として，総層数 ll，各層の入力端子数 mm，各層の出力端子数 nn を指定します.

45: 空のディクショナリ wwold を用意します.

46〜49: for 文ブロック. 各層の重みの初期値を設定します.

46: for 文. 層番号 l は，$[0, 1, \ldots, ll-1]$ から順次，値をとります.

47:　各層の重みのため，nn[l] × mm[l] の配列を生成し，その初期値を設定します．

48:　キー layer に層番号表記の文字列を代入します．

49:　ディクショナリ wwold のキー layer のバリューに，重み配列 wwoldtmp を代入します．

51:　return 文．戻り値として，各層の重みの初期値 wwold を指定します．

54〜63:　各層の誤差の逆伝播を計算する関数を定義します．

54:　関数の定義文．関数名を multilayerbackpropagation とつけます．引数として，総層数 ll，重みのディクショナリ ww，出力層誤差の配列 errort を指定します．

55:　空のディクショナリ delta を用意します．

56:　lastlayer に出力層の番号の文字列を代入します．

57:　出力層の誤差に errort を代入します．

58〜61:　for 文ブロック．各層の誤差逆伝播を計算します．

58:　for 文．層番号 l は，$[ll-1,\ldots,0]$ から順次，値をとります．

59:　layer に現在の層の番号を表す文字列を代入します．

60:　nextlayer に次の層の番号を表す文字列を代入します．

61:　次の層における重み行列の転置行列に次の層の誤差を乗じて，現在の l 番目の層における誤差を算出して，delta[layer] に代入します．

63:　return 文．戻り値として，各層の誤差のディクショナリ deltalt を指定します．

66〜80:　各層の重みを更新する関数を定義します．

66:　関数の定義文．関数名を multilayerweightlearning とつけます．引数として，総層数 ll，各層の古い重み wwold，各層の誤差 deltat，各層の入力 xxt，各層の出力 zzt，各層の学習率 eta を指定します．

67:　空のディクショナリ wwnew を用意します．

68〜78:　二重 for 文ブロック．各層の重みを計算します．

68:　外側の繰返し for 文．層番号 l は，$[0,1,\ldots,ll-1]$ から順次，値をとります．

69:　layer に現在の層の番号を表す文字列を代入します．

70:　現在の層の wwold を取り出して，wwoldtmp に代入します．

71:　現在の層の deltat を取り出して，deltattmp に代入します．

72:　現在の層の xxt を取り出して，xxttmp に代入します．

73:　現在の層の zzt を取り出して，zzttmp に代入します．

74:　wwoldtmp のサイズを取得します．

75:　空の wwnewtmp を作成して，用意します．

76〜77:　内側の繰返し for 文ブロック．現在の層の重みを計算します．

76:　内側の繰返し for 文．重み配列の行番号 n は，$[0,1,\ldots,nn-1]$ から順次，値をとります．

77:　重みの更新式にしたがって，新しい重みを計算して，wwnewtmp に代入します．シグモイド関数の微分を直接取り入れています．

78: 現在の層の重み wwnewtmp を重みのディクショナリに代入します.

80: return 文. 戻り値として, 各層の新しい重み wwnew を指定します.

83〜98: 多層ニューラルネットワークの関数を定義します.

83: 関数の定義文. 関数名を multilayerneuralnetwork とつけます. 引数として, 総層数 ll, 重み wwold, 入力 xxwith1t を指定します.

84: 空のディクショナリ xxt を用意します.

85: xxt["L0"] に入力データ xxwith1t を代入します.

86: 空のディクショナリ yyt を用意します.

87: 空のディクショナリ zzt を用意します.

88〜96: for 文ブロック. 各層の入力と出力を計算します.

88: for 文. 層番号 l は, $[0, 1, \ldots, ll - 1]$ から順次, 値をとります.

89: layer に現在の層の番号を表す文字列を代入します.

90: 入力データ xxt[layer] と重み wwold[layer] の行列の積 yyt[layer] を計算します.

91〜94: if 文ブロック. 出力層のとき, yyt[layer] をソフトマックス関数に入れて, 出力 zzt[layer] を計算します. それ以外のときは, yyt[layer] をシグモイド関数に入れて, 出力 zzt[layer] を計算します.

95: nextlayer に次の層の番号を表す文字列を代入します.

96: 次の層の入力 xxt[nextlayer] に, 現在の層の出力 zzt[layer] を代入します.

98: return 文. 戻り値として, 入力 xxt, 出力 zzt を指定します.

131〜213: メイン関数を定義します.

131: 関数の定義文. 関数名を main とつけます.

133: 総層数 ll の値を設定します.

134: 総層数を表示します.

135: 各層の学習率 eta の値を設定します.

136: 学習の評価対象期間の長さ shiftlen の値を設定します.

137: 誤差の許容値 epsilon を設定します.

138: エポック数 epochs を設定します.

140: preparedata() 関数を呼び出して, 受け取ったデータを配列 xxwith1, 配列 zztrue に代入します.

141: 配列 xxwith1 の行数, 列数を tt0 と mm0 に代入します.

142: 配列 zztrue の行数, 列数を tt0 と nn0 に代入します.

143: データサンプル数 tt0 を表示します.

144: 全エポック数で使うデータ数 tt を計算します.

145: 各層の入力数を表すために, 空の配列 mm を用意します.

146: 各層の出力数を表すために, 空の配列 nn を用意します.

148: 各層の出力数の値を設定します. ただし, 最後の要素は, データ zztruc の列数 nn0 に設定します.

150:　最初の入力層の入力数の値を，データ xx の列数 mm0 に設定します.

152〜153:　各層（最初の入力層を除く）の入力数を，前の層の出力数に設定します.

154〜155:　各層の入力数，出力数を表示します.

157:　multilayerweightsinit 関数を呼び出して，重み wwold の初期値を設定します.

159:　出力層の誤差の 2 次元配列を初期値 0 で作成します.

160:　誤差を評価する 1 次元配列 evalerror を初期値 0 で作成します.

161:　エポックの学習の状況を評価するための配列 epochevalerror を初期値 0 で作成します.

162:　繰返し中止のためのフラグ breakflag に 0 を設定します.

165〜190:　二重 for 文ブロック. この部分がメインの繰返し処理です. データセットを epochs 回利用して，重みの更新を行います.

165:　外側の繰返し for 文. 作業変数 epoch は，$[0, 1, \ldots, \text{epochs} - 1]$ から順次，値をとります.

167:　preparedata() 関数を呼び出して，受け取ったデータを配列 xx, 配列 zztrue に代入します.

169:　1 エポック数あたりの出力層の出力値を保存する配列 zzprob を空配列で用意します.

170〜186:　内側の繰返し for 文ブロック. データセット（1 回分）を利用して，重みの更新を行います.

170:　内側の繰返し for 文. 作業変数 t0 は，$[0, 1, \ldots, \text{tt0} - 1]$ から順次，値をとります.

171:　二重繰返し全体の通し番号 t を計算します.

173:　multipleoutneuralnetwork() 関数を呼び出して，xxt0, zzt0 を計算します.

174:　lastlayer に出力層の番号を表す文字列を代入します.

175:　出力層の出力値を配列 zzprob に代入します.

177:　出力層の誤差 error を計算します.

178:　multilayerbackpropagation() 関数を呼び出して，各層の出力誤差 deltat を計算します.

180:　evaluateerror() 関数を呼び出して，出力誤差の評価 evalerror を計算します.

181〜183:　if 文ブロック. t が shiftlen より大きく，かつ，evalerror が epsilon より小さくなったら，breakflag に 1 をセットして，繰返しを中止します.

185:　multilayerweightlearning() 関数を呼び出して，各層の新しい重み wwnew を計算します.

186:　新旧交代. wwnew を wwold に代入します.

187:　エポックの終了時に，evalerror を epochevalerror に保存します.

188:　出力形式の指定で，epoch と epochevalerror を表示します.

189〜190:　if 文ブロック. breakflag = 1 になったら，epoch の繰返しを中止します.

192:　配列 zztrue から真のラベルを求めて，truelabel に代入します.

193:　配列 zzprob から推測値のラベルを求めて，zzlabel に代入します.

194〜195：　真のラベルと推測値のラベルを表示します．

196〜198：　分類結果に対して，各種の評価指標を計算して，表示します．

200〜209：　重みの学習結果を表示します．

211：　plotevalerror() 関数を呼び出して，学習曲線（RMSE–エポックグラフを作成します．

213：　return 文．

▷ **実行結果**

このプログラムを実行すると，ターミナルにたくさんの表示が流れていきます．この内容をすべて確認したい場合には，以下のコマンドを入力して実行してください．

```
python ch8ex1.py > ch8ex1out.txt
```

これによって，ターミナルに表示された内容がすべて ch8ex1out.txt に書き込まれます．かわりにターミナルには何も表示されなくなります．

```
 1  総層数= 3
 2  データサンプル数= 1797
 3  第0層：入力端子数=65 出力端子数=10
 4  第1層：入力端子数=10 出力端子数=10
 5  第2層：入力端子数=10 出力端子数=10
 6  epoch=0 RMSE=0.28986524
 7  epoch=1 RMSE=0.17758492
 8  epoch=2 RMSE=0.13823039
 9  epoch=3 RMSE=0.11296109
10  epoch=4 RMSE=0.09443297
11  epoch=5 RMSE=0.08431242
12  epoch=6 RMSE=0.07785456
13  epoch=7 RMSE=0.07148423
14  epoch=8 RMSE=0.06466191
15  epoch=9 RMSE=0.05848259
16  epoch=10 RMSE=0.05315148
17  ......
18  （略）
19  ......
20  epoch=190 RMSE=0.00322702
21  epoch=191 RMSE=0.00321459
22  epoch=192 RMSE=0.00320227
23  epoch=193 RMSE=0.00319006
24  epoch=194 RMSE=0.00317796
25  epoch=195 RMSE=0.00316596
26  epoch=196 RMSE=0.00315407
27  epoch=197 RMSE=0.00314229
28  epoch=198 RMSE=0.00313061
29  epoch=199 RMSE=0.00311902
30  ......
31  （略）
32  ......
33  真ラベル= 1　推測ラベル= 1
```

```
34 | 真ラベル= 1   推測ラベル= 1
35 | 真ラベル= 4   推測ラベル= 4
36 | 真ラベル= 8   推測ラベル= 8
37 | 真ラベル= 4   推測ラベル= 4
38 | 真ラベル= 5   推測ラベル= 5
39 | 真ラベル= 3   推測ラベル= 3
40 | 真ラベル= 3   推測ラベル= 3
41 | 真ラベル= 7   推測ラベル= 7
42 | 真ラベル= 7   推測ラベル= 7
43 | 真ラベル= 8   推測ラベル= 8
44 | 分類結果の評価:
45 | 正解率 = 1.000000
46 |             precision    recall  f1-score    support
47 |
48 |         0      1.00      1.00      1.00       178
49 |         1      1.00      1.00      1.00       182
50 |         2      1.00      1.00      1.00       177
51 |         3      1.00      1.00      1.00       183
52 |         4      1.00      1.00      1.00       181
53 |         5      1.00      1.00      1.00       182
54 |         6      1.00      1.00      1.00       181
55 |         7      1.00      1.00      1.00       179
56 |         8      1.00      1.00      1.00       174
57 |         9      1.00      1.00      1.00       180
58 |
59 |   accuracy                        1.00      1797
60 |  macro avg      1.00      1.00      1.00      1797
61 | weighted avg    1.00      1.00      1.00      1797
62 | 重みの学習結果:
63 | ......
64 | (略)
65 | ......
66 | 経過時間= 0:01:01.721629
67 | すべて完了 !!!
```

　この実行結果から，評価指標の正解率，適合率と再現率はいずれも 1.00 (= 100%)
となり，手書き数字の認識が大変よくできていることがわかります．

　また，図 8.6 から，学習が進むにつれて，評価指標 RMSE が大幅に減少して，ほ
ぼ 0 に収束していく様子がよくわかります．

演　習　問　題

問題 8.1　　例題 8.1（148 ページ）のプログラムをもとに，以下のような仕様変更を実現
　　　　　するプログラムを作成しなさい．

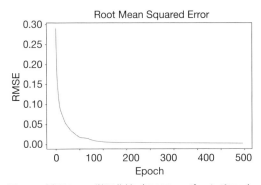

図 8.6　例題 8.1 の学習曲線（RMSE–エポックグラフ）

> 総層数を 3 に変更して，中間各層の出力数を 30 と 20 に変更する．必要に応じて，各層の学習率を調整すること．

さらに，学習の過程を示す RMSE のグラフを表示し，分類結果の精度を確認しなさい．

問題 8.2　例題 8.1 のプログラムをもとに，以下のような仕様変更を実現するプログラムを作成しなさい．

> 総層数を 4 に変更して，中間各層の出力数を 30, 20 と 10 に変更する．必要に応じて，各層の学習率を調整すること．

さらに，学習の過程を示す RMSE のグラフを表示し，分類結果の精度を確認しなさい．

問題 8.3　例題 8.1 のプログラムをもとに，以下のような仕様変更を実現するプログラムを作成しなさい．

> 総層数を 3 にして，学習用データセットを scikit-learn にある Iris データセットに置き換える．必要に応じて，エポック数，各層の出力端子数，学習率を調整すること．

Column：手書き数字の digits データセット

scikit-learn ライブラリには，Iris データセットのほかにも，多くのデータセットが用意されています．そのうち，Iris データセットと並んでよく使われるのが，手書き数字の digits データセットです．

このデータセットには，手書き数字（$0, 1, 2, \ldots, 9$）の画像がディクショナリ形式で保管されており，全部で 1797 個のデータサンプルがあります．それぞれのデータサンプルに正解のラベル（数字）が付いています．また，それぞれの画像データは，$8 \times 8 = 64$ 要素のベクトル形式になっており，各要素には，グレーレベル（0 から 16 まで 17 レベル）を表す数値が保存されています．

このデータセットは

```
from sklearn import datasets
```

で読み込んで

```
digits=datasets.load_digits()
```

を使って取得できます．画像のデータは digits['images'] にあり，対応するラベルのデータは digits['target'] にあります．参考のため，このデータセットにある手書き数字の画像例を 20 個，図8.7 に示します．

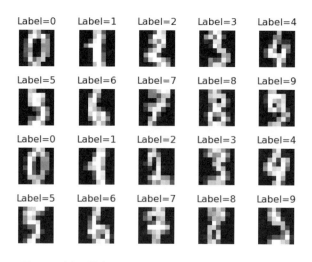

図8.7　手書き数字の digits データセットにある画像の例

第 **9** 章

Keras を使ってプログラミングする

　ここまで，ニューラルネットワークのしくみにもとづいて，ゼロから Python でニューラルネットワークのプログラムを実現してきました．しかし，応用問題を解決するようなアプリケーションの開発となると，ゼロからプログラミングしていたのでは，どうしてもソースコードが長くなってしまい，効率が悪くなります．

　本章では，より効率的に AI プログラミングをするために，Keras を導入します．まず，Keras を用いたプログラムの構築法や Keras の使い方に関する各種基本事項について説明します．そのうえで，いままで扱った XOR ゲート，アイリスの種類の判別，手書き数字の認識などの学習問題について再度取り上げ，Keras を用いたプログラム例を示します

9.1　Keras とは何か

　Keras[*1]とは，オープンソース（本章末のコラム参照）のハイレベルのディープラーニングライブラリの１つです．「ハイレベル」とは，ほかのディープラーニングライブラリをバックエンド（裏のほう）で働かせて，ユーザがプログラムをつくるとき，フロントエンド（表のほう）で（直接）利用できるという意味です．

　Keras の下で働くローレベル（バックエンド）ライブラリとして，Google 社が開発した **TensorFlow** がよく知られています．TensorFlow は，ディープラーニングのプログラミングで広く利用されている優れたライブラリです．これを直接利用することもできますが，個々の処理を具体的に記述する必要があるので，Keras を経由して TensorFlow を利用するほうが，かなり手間が省けて，より迅速に開発作業を進められるようになります．

　Keras では，最初からさまざまな便利な層が用意されています．例えば，学習用の

[*1]　「ケラス」と読みます．現在の詳しい関連情報は公式サイト（https://keras.io/）を参照してください．

層として，Dense，Conv，LSTM，GRU などが用意されています．そのほか，パラメータ設定用の層として，Dropout や MaxPooling などもあります．これらの層を組み合わせるだけで，多層ニューラルネットワークを構成することができます．各種の層の詳しい機能や使い方については，具体的な例題に合わせて，順次説明していきます．

9.2　Keras の導入

　Python の開発環境である Anaconda をすでにインストールできていれば，Keras も簡単にインストールできます．例えば，Windows10 の場合，以下のような手順でインストールできます．ただし，これは本書の発行時点でのインストール方法ですので，実際にインストールするにあたっては，必ず最新の関連情報を Keras の公式サイト（https://keras.io/）で確認してください．

1. Anaconda の Prompt を管理者として起動します．
2. 仮想環境 keres243 を作成します．ここでは，Python のバージョンを 3.8，NumPy のバージョンを 1.19.2 に指定しています．

```
入力コマンド：
conda create -n keras243 anaconda python=3.8 numpy=1.19.2
```

3. 仮想環境 keras243 に入ります．

```
入力コマンド：conda activate keras243
```

4. Tensorflow のバージョン 2.3.0 をインストールします．

```
入力コマンド：conda install tensorflow==2.3.0
```

5. Keras のバージョン 2.4.3 をインストールします．

```
入力コマンド：conda install keras==2.4.3
```

6. インストールの結果を確認します.

> 入力コマンド：`conda list`

TensorFlow のバージョン 2.3.0, Keras のバージョン 2.4.3 が正しくインストールされたことを確認してください.

7. Anaconda の Prompt を終了します.

> 入力コマンド：`exit`

これで, Keras の開発環境が構成できました.

　これ以降, Keras を使ったプログラムを作成するときに, Visual Studio Code のターミナルから

```
conda activate keras243
```

コマンドで keras243 の仮想環境に入ってから, プログラムを実行する必要がありますので, 注意してください.

9.3　Keras を用いたプログラムの基本構成

　Keras では, 学習のためのニューラルネットワークの構成, および, それに用いる学習アルゴリズムをまとめて**モデル**（model）と呼びます. また, モデルの構成要素で, 各種の基本的な機能を実現するユニット（機能の単位）のことを**層**（layer, **レイヤ**）と呼びます. つまり, 層を一定方式で組み合わせることでモデルをつくり上げます. Keras によるプログラミングの手順をまとめると, 以下のようになります.

1. それぞれの層の接続を検討して, モデルの基本構成を指定する.
2. 応用問題の解決に必要な層をモデルの基本構成に追加してニューラルネットワークを構築する.
3. モデルの**メソッド**（method）[*2]を呼び出して, 学習, 評価, 保存などの各操作・処理を実行する.

[*2] オブジェクト指向プログラミングにおいて, 属性に対する処理をひとまとめにして, 呼び出して実行可能にしたもの.

9.3.1　モデルの基本構成

　Keras を使用したプログラミングでは，まずモデルの基本構成を指定することから始めます．ここで，指定できるモデルの基本構成には，Sequential モデルと Functional API モデルの 2 種類があります．

　このうち，**Sequential モデル**は，よく使われる基本構成で，層を縦続接続でつないでニューラルネットワークを構成するものです．以下ではこの Sequential モデルを使用します．以下のソースコードで指定します．

```
from keras.models import sequential
model = Sequential()
```

9.3.2　全結合層

　これまで説明してきたニューラルネットワークは，第 8 章の単層ユニットのように，すべての入力信号を使って，すべての出力信号をそれぞれつくり出すようなものでした．このような層を**全結合層**（fully connected layer）といいますが，ほかの接続方式と比べて，こちらはもっとも密集した（英語：dense）接続といえるので，Keras では，全結合層のことを **Dense 層**と呼んでいます．いくつかのコーディングの例を示します．

- Dense(256)
  - →　256 個の出力をもつ全結合層
- Dense(units=256)
  - →　256 個の出力をもつ全結合層（上記と同じ）
- Dense(units=1, activation="sigmoid")
  - →　1 個の出力をもつ，活性化関数にシグモイド関数を用いた全結合層
- Dense(units=256, activation="softmax")
  - →　256 個の出力をもつ，活性化関数にソフトマックス関数を用いた全結合層

　そして，以下のように，add() メソッドを用いて，全結合層をモデルに追加します．

```
model.add(Dense(units=256, activation="softmax"))
```

9.3.3　重要なメソッド

　Keras では，生成されたモデルに対して，各種操作を行うメソッドが用意されてい

ます. ここで, よく利用される重要なメソッドを以下に示します.

- **add()**：層の名称（パラメータの値）の形で層の情報を記述して, モデルに層を追加します.
- **compile()**：学習のときに使われる各種条件を設定します. ここで, 損失関数, 学習アルゴリズム, 評価指標が設定できます. 詳細については, 次の節で説明します.
- **fit()**：データを用いてモデルの学習を行います. 学習するために, 特徴量と正解ラベルの学習データが必要となります. fit は「合わせる」という意味です. ここでは,「モデルをデータに合わせる」という意味, つまり「学習」という意味です. fit() メソッドで設定する重要なパラメータとして, 以下の 2 つがあります.
    - **batch_size**：バッチサイズを設定します. つまり, 1 回の学習で使われるデータサンプルの数を指定します. これを L に設定すると, データサンプル数 M のデータセットを使って, $\dfrac{M}{L}$ の整数部分までの回数の学習が行われます.
    - **epochs**：エポック数を設定します. つまり, 1 つのデータセットを何回繰返し使用するかを設定します. データサンプル数 M のデータセットが与えられて, バッチサイズを L に設定した場合, 1 エポックでは, $\dfrac{M}{L}$ の整数部分までの回数の学習が行われます. したがって, エポック数を K に設定すると, 全部で $K\dfrac{M}{L}$ 回の学習が行われます.
- **evaluate()**：学習終了後のモデルの損失関数を算出して, モデルの学習のよし悪しを評価します.
- **predict()**：学習終了後のモデルを用いて, 与えられたデータから正解ラベルの確率を算出します.
- **save()**：ファイル名を指定して, 学習が終えたモデルの構成, 設定および重みの情報をすべて保存します.
- **load_model()**：指定されたファイルから, 保存済みモデルの構成, 設定および重みの情報をまとめて読み込みます.
- **get_weights()**：指定された層の重みを取得して, その結果を NumPy の配列で返します.

9.4　Keras を用いたプログラムにおける損失関数

これまでは損失関数として，平均 2 乗誤差を使いました．Keras では，それ以外にもいくつかの損失関数から指定することができます．ここでは，メソッド compile() で指定できる主な損失関数について簡単に紹介します．

9.4.1　平均 2 乗誤差

平均 2 乗誤差（Mean Squared Error; MSE）は，目標値と予測値のいずれも実数としてとらえる場合に使われる損失関数です．その計算式は以下のとおりです．

$$Q = \frac{1}{K} \sum_{k=1}^{K} (z(k) - \hat{z}(k))^2 \tag{9.1}$$

コーディングするとき，compile() メソッドでは，以下のように引数 loss を指定します．

```
model.compile(loss="mean_squared_error")
```

または

```
model.compile(loss="mse")
```

9.4.2　平均 2 乗対数誤差

平均 2 乗対数誤差（Mean Squared Logarithmic Error; MSLE）も，目標値と予測値のいずれも実数としてとらえる場合に使われる損失関数です．その計算式は以下のとおりです．

$$Q = -\frac{1}{K} \sum_{k=1}^{K} \log \frac{1 + z(k)}{1 + \hat{z}(k)} \tag{9.2}$$

コーディングするとき，compile() メソッドでは，以下のように引数 loss を指定します．

```
model.compile(loss="mean_squared_logarithmic_error")
```

9.4.3　交差エントロピー

交差エントロピー（crossentropy，**クロスエントロピー**）は，目標値と予測値のいずれも種類としてとらえる場合に使われる損失関数です．その計算式は以下のとおり

です.

$$Q = - \sum_{c=1}^{C} \sum_{k=1}^{K} z_c(k) \log \hat{z}_c(k) \tag{9.3}$$

コーディングするとき，compile() メソッドでは，以下のように引数 loss を指定します.

```
model.compile(loss="categorical_crossentropy")
```

9.5 Keras を用いたプログラムにおける学習アルゴリズム

これまでに学習アルゴリズムとして，確率的勾配降下法を使ってきました．Keras では，それ以外にもいくつかの学習アルゴリズムから指定することができます．ここでは，メソッド compile() で指定できる主な学習アルゴリズムについて，簡単に紹介します.

9.5.1 確率的勾配降下法

これまでに詳しく説明してきた学習アルゴリズムです．重みの更新の計算手順は以下のとおりです.

$$\Delta(k) = \frac{\partial Q}{\partial w_m}(w_1(k), w_2(k), \ldots, w_M(k))$$
$$w_m(k+1) = w_m(k) - \eta \Delta(k) \tag{9.4}$$

確率的勾配降下法は，ニューラルネットワークを使用する際のもっとも基本となる学習アルゴリズムですが，現在（重み更新時）のデータしか学習に使えないので，データの生成順（ランダム性）に影響されやすく，不安定な重みの更新となることがあります．さらに，この影響で学習に時間がかかってしまうことがあります．コーディングするとき，compile() メソッドでは，以下のように引数 optimizer を指定します.

```
model.compile(optimizer=SGD(lr=実数値))
```

ここで，lr は学習率を表します.

9.5.2 RMSProp

RMSProp（<u>R</u>oot <u>M</u>ean <u>S</u>quared <u>P</u>ropogation）[3]は，確率的勾配降下法を改善した，比較的新しい学習アルゴリズムです．重みの更新の計算手順は以下のとおりで

---

[3]　日本語に意訳すると，「伝播の 2 乗平均平方根」となります.

す.

$$\Delta(k) = \frac{\partial Q}{\partial w_m}(w_1(k), w_2(k), \ldots, w_M(k))$$
$$v(k+1) = \beta v(k) + (1-\beta)(\Delta(k))^2 \tag{9.5}$$
$$w_m(k+1) = w_m(k) - \frac{\eta}{\sqrt{v(k)}+\varepsilon}\Delta(k)$$

つまり，RMSProp では，学習率を定数とせず，直近の勾配の平均 2 乗平均に反比例するようにします．これにより，学習率を自動調整して，確率的勾配降下法の短所であった重みの更新の不安定さを改善しています．

コーディングするとき，compile() メソッドでは，以下のように引数 optimizer を指定します．

```
model.compile(optimizer=RMSProp(lr=実数値))
```

ここで，lr は学習率を表します．なお，式 (9.5) のパラメータ β，および ε については，一般にデフォルト（既定値）を利用しますので，特に指定する必要はありません．

9.5.3　Adam

また，**Adam**（Adaptive moment）[*4]は，RMSProp 法をさらに改善したもので，登場してからまだ間もない学習アルゴリズムです．重みの更新の計算手順は以下のとおりです．

$$\Delta(k) = \frac{\partial Q}{\partial w_m}(w_1(k), w_2(k)...w_M(k))$$
$$m(k+1) = \beta_1 m(k) + (1-\beta_1)\Delta(k)$$
$$v(k+1) = \beta_2 v(k) + (1-\beta_2)(\Delta(k))^2 \tag{9.6}$$
$$w_m(k+1) = w_m(k) - \eta\frac{m(k)}{\sqrt{v(k)}+\varepsilon}$$

Adam の基本的なアイデアは

- 重みの更新は，現在の勾配データに比例するのではなく，直近の勾配データの移動平均 $m(k)$ に比例する．
- 学習率は定数ではなく，RMSProp と同じく，直近の勾配データの RMS に反比例する．

[*4]　日本語に意訳すると，「適応モーメント」となります．統計学では，期待値のことを 1 次モーメント，分散のことを 2 次モーメントといいます．

の2点があります．これらのアイデアを導入することにより，より安定した重みの更新が実現できます．ただし，更新処理において計算しやすい手法で，移動平均と移動大きさの計算を実現しています．

コーディングするとき，compile() メソッドでは，以下のように引数 optimizer を指定します．

```
model.compile(optimizer=Adam(lr=実数値))
```

ここで，lr は学習率を表します．なお，式 (9.6) のパラメータ β_1，β_2，および，ε については，一般にデフォルトを利用しますので，特に指定する必要はありません．

9.6 Kerasを用いたプログラムにおける学習の評価指標

これまでの解説では，学習状況を評価する指標として RMSE を使ってきました．Keras では，基本的に，loss で指定した損失関数を評価指標として利用できるようになっていますが，それ以外にも，いくつかの評価指標から指定することができます．

loss および別途指定された評価指標の値は，学習の過程において画面に表示されます．また，history メソッドでその値を取り出すことができます．そして，取り出した評価指標の値をターミナルに表示したりグラフを作成したりすることができます．

メソッド compile() で指定できる主な評価指標について，簡単に紹介します．

9.6.1 Accuracy

Keras では，評価指標として，正解率（式 (8.10)，147 ページ）を指定できます．正解率は，総件数に対する予測ラベルにある正解件数の割合を表します．

コーディングするとき，compile() メソッドでは，以下のように引数 metrics を指定します．

```
model.compile(metrics="accuracy")
```

9.6.2 平均2乗誤差

Keras では，評価指標として，予測値と真値の平均2乗誤差（式 (9.1)）を指定できます．これは，RMSE の2乗にあたるものです（平均2乗誤差の平方根が，RMSE になります）．

コーディングするとき，compile() メソッドでは，以下のように引数 metrics を指定します．

```
model.compile(metrics="mse")
```

　さらに，複数の評価指標を同時に使用することもできます．このときは，以下のようにリストを用いて記述します．

```
model.compile(metrics=["mse", "accuracy"])
```

9.7　Keras を用いた学習プログラムの例

　それでは，前掲の XOR ゲート，Iris データセット，digits データセットのそれぞれの学習問題について，Keras を用いたプログラミングを考えてみましょう．Keras を用いると，明らかにプログラミングが簡単になることが実感できるはずです．

9.7.1　XOR ゲートの学習プログラム

例題 9.1

以下の仕様要求を実現するプログラムを作成しなさい．

1. Keras を用いて 2 層のニューラルネットワークを構築して，XOR ゲートの学習を行う．
2. 学習の結果を表示する．
3. 学習曲線（Loss–エポックグラフ）を表示する．

ソースコード 9.1　ch9ex1.py

```python
1  # KerasによるXORゲートの2層ニューラルネットワークの学習 + モデルを保存
2  import numpy as np
3  import matplotlib.pyplot as plt
4  from keras.models import Sequential
5  from keras.layers import Dense, Activation
6  from keras.optimizers import SGD
7
8  # データを用意
9  X = np.array([[0, 0], [0, 1], [1, 0], [1, 1]])
10 Y = np.array([[0], [1], [1], [0]])
11
12 # モデルを構築
13 model = Sequential()
14 model.add(Dense(input_dim=2, units=3, use_bias=True, ←
     activation="sigmoid"))
15 model.add(Dense(units=1, use_bias=False, activation="sigmoid"))
16 # 学習条件を設定(lossの設定の比較：1つのみ#を外して実行)
17 model.compile(loss="mse", optimizer=SGD(lr=0.1))
```

```
18  #model.compile(loss="mean_squared_error", optimizer=SGD(lr=0.1))
19  #model.compile(loss="mean_squared_logarithmic_error", ←
        optimizer=SGD(lr=0.5))
20  #model.compile(loss="categorical_crossentropy", ←
        optimizer=SGD(lr=0.01))
21
22  # モデルの学習
23  history = model.fit(X, Y, epochs=5000, batch_size=1)
24
25  # 学習の評価結果を表示
26  lossmin = 0.01
27  loss = model.evaluate(X, Y, batch_size=1)
28  print("評価の結果：")
29  print("損失関数=", loss)
30  if loss < lossmin:
31      print("学習がうまくできました.")
32      # モデルを保存
33      model.save("ch9ex1model.hdf5")
34      # データから予測
35      outputprob = model.predict(X)
36      outputlabel = (outputprob > 0.5).astype("int32")
37      for x, y, prob, label in zip(X, Y, outputprob, outputlabel):
38          print("入力データ=", x, "真ラベル=", y, "出力確率=", ←
                prob, "出力ラベル=", label)
39      # 重み配列を表示
40      ww0 = model.layers[0].get_weights()
41      print("第0層の重み")
42      for w in ww0:
43          print(w)
44      ww1 = model.layers[1].get_weights()
45      print("第1層の重み")
46      for w in ww1:
47          print(w)
48  else:
49      print("学習がうまくできませんでした.")
50
51  # 学習曲線を表示
52  plt.figure(figsize=(10, 6))
53  plt.plot(history.epoch, history.history["loss"])
54  plt.title("Learning␣Curve", fontsize=20)
55  plt.xlabel("Epoch")
56  plt.ylabel("Loss", fontsize=16)
57  plt.savefig("ch9ex1fig1.png")
```

💬 **ソースコードの解説**

9〜10: XOR ゲートの真理値表（表 7.1，127 ページ参照）にしたがって，入力データ X

と出力データ Y を用意します.

13〜15:　1 層のニューラルネットワークを構築します.

13:　Sequential モデルとして,モデル（model）を用意します.

14:　model に全結合層（Dense 層）を追加します.追加した全結合層の入力数は 2,出力数は 3 として,活性化関数にはシグモイド関数を用います.

15:　model に全結合層（Dense 層）を追加します.追加した全結合層の出力数は 1 として,活性化関数にはシグモイド関数を用います.

17〜20:　学習用の各種パラメータを指定します.4 種類の損失関数のうち,1 つだけ選んで,#を外してください.

17:　損失関数を平均 2 乗誤差 mse に設定します.また,学習アルゴリズムを確率的勾配降下法 sgd（学習率 lr = 0.1）に設定します.

18:　損失関数を平均 2 乗誤差 mean_squared_error に設定します.また,学習アルゴリズムを確率的勾配降下法 sgd（学習率 lr = 0.1）に設定します.

19:　損失関数を平均 2 乗対数誤差 mean_squared_logarithmic_error に設定します.また,学習アルゴリズムを確率的勾配降下法 sgd（学習率 lr = 0.5）に設定します.

20:　損失関数を交差エントロピー categorical_crossentropy に設定します.また,学習アルゴリズムを確率的勾配降下法 sgd（学習率 lr = 0.01）に設定します.

23:　用意したデータセット X, Y を用いて,モデルの学習を行います.エポック数 epochs を 5000,バッチサイズ batchsize を 1 に設定します.

26:　学習の判定に使う loss の最小値 lossmin を設定します.

27:　データセット X, Y を使って,学習済みのモデルを評価します.モデルの損失関数を計算して,loss に代入します.

28:　「評価の結果：」を表示します.

29:　損失関数 loss を表示します.

30〜49:　if 文ブロック.損失関数 loss の最終の値から,学習がうまくいったかどうかを判別します.

30:　if 文.条件 loss < lossmin が成り立つならば,次の 31〜47 行の処理を行います.

31:　「学習がうまくできました.」を表示します.

33:　model をファイルに保存します.

35:　データ X を与えて,出力確率を算出して,outputprob に代入します.

36:　関係演算式 outputprob > 0.5 を評価して,True のとき 1 に,False のとき 0 に変換して,outputlabel に代入します.

37〜38:　for 文ブロック.入力データ,真ラベル,出力確率,出力ラベルを表示します.

40:　学習済み model の第 0 層の重みを取得して,ww0 に代入します.

41:　「第 0 層の重み」を表示します.

42〜43:　for 文ブロック.重み配列 ww0 の各要素を表示します.

44:　学習済み model の第 1 層の重みを取得して，ww1 に代入します.

45:　「第 1 層の重み」を表示します.

46〜47:　for 文ブロック. 重み配列 ww1 の各要素を表示します.

48〜49:　if 文の条件が成り立たないとき,「学習がうまくできませんでした.」を表示します.

46〜51:　学習曲線のグラフを作成して，保存します.

52:　fig1 を作成します.

53:　配列 history.epoch と配列 history.history["loss"] のグラフを作成します.

54:　グラフの表題を Learning Curve とします.

55:　x 軸のラベルを Epoch とします.

56:　y 軸のラベルを Loss とします.

57:　fig1 を PNG 形式でファイルに保存します.

▶ **実行結果**

```
 1  ......
 2  （略）
 3  ......
 4  Epoch 4995/5000
 5  4/4 [==============================] - 0s 249us/step - loss: 0.0027
 6  Epoch 4996/5000
 7  4/4 [==============================] - 0s 249us/step - loss: 0.0027
 8  Epoch 4997/5000
 9  4/4 [==============================] - 0s 250us/step - loss: 0.0027
10  Epoch 4998/5000
11  4/4 [==============================] - 0s 250us/step - loss: 0.0027
12  Epoch 4999/5000
13  4/4 [==============================] - 0s 249us/step - loss: 0.0027
14  Epoch 5000/5000
15  4/4 [==============================] - 0s 249us/step - loss: 0.0027
16  4/4 [==============================] - 0s 0s/step - loss: 0.0027
17  評価の結果：
18  損失関数= 0.00272133806720376
19  学習がうまくできました.
20  入力データ= [0 0] 真ラベル= [0] 出力確率= [0.04962033] 出力ラベル= [0]
21  入力データ= [0 1] 真ラベル= [1] 出力確率= [0.9475087] 出力ラベル= [1]
22  入力データ= [1 0] 真ラベル= [1] 出力確率= [0.93907607] 出力ラベル= [1]
23  入力データ= [1 1] 真ラベル= [0] 出力確率= [0.04422796] 出力ラベル= [0]
24  第0層の重み
25  [[ 1.6384757 -4.5219364 -5.733442 ]
26   [-1.5959682  4.8433027  5.688921 ]]
27  [-0.3623321  2.165357  -3.0218592]
28  第1層の重み
29  [[ 4.11893 ]
30   [-5.61824 ]
31   [ 8.552485]]
```

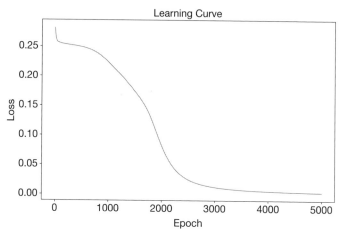

図 9.1　例題 9.1 の XOR ゲートの学習曲線（Loss–エポックグラフ）

9.7.2　保存済みモデルを利用するプログラム

例題 9.2

以下の仕様要求を実現するプログラムを作成しなさい.

1. 例題 9.1 で保存したモデルを読み込んで, モデルを作成する.
2. 作成したモデルの評価を行い, その結果を表示する.

ソースコード 9.2　ch9ex2.py

```
1  # KerasによるXORゲートの2層ニューラルネットワークの学習 + ←
      モデルを復元して評価
2  import numpy as np
3  from keras.models import load_model
4
5  # データを用意
6  X = np.array([[0, 0], [0, 1], [1, 0], [1, 1]])
7  Y = np.array([[0], [1], [1], [0]])
8
9  # モデルを復元
10 model = load_model("ch9ex1model.hdf5")
11
12 # 学習の評価結果を表示
13 lossmin = 0.01
14 loss = model.evaluate(X, Y, batch_size=1)
```

```
15  print("評価の結果:")
16  print("損失関数=", loss)
17  if loss < lossmin:
18      print("学習がうまくできました. ")
19      # データから予測
20      outputprob = model.predict(X)
21      outputlabel = (outputprob > 0.5).astype("int32")
22      for x, y, prob, label in zip(X, Y, outputprob, outputlabel):
23          print("入力データ=", x, "真ラベル=", y, "出力確率=", ←
                prob, "出力ラベル=", label)
24      # 重み配列を表示
25      ww0 = model.layers[0].get_weights()
26      print("第0層の重み")
27      for w in ww0:
28          print(w)
29      ww1 = model.layers[1].get_weights()
30      print("第1層の重み")
31      for w in ww1:
32          print(w)
33  else:
34      print("学習がうまくできませんでした. ")
```

💬 **ソースコードの解説**

10: 例題 9.1 で学習の結果を保存したファイルを読み込んで，model に代入します.

▶ **実行結果**

例題 9.1 と同じ評価の結果，および重みの値が確認できます.

9.7.3 Iris データセットの学習プログラム

例題 9.3

以下の仕様要求を実現するプログラムを作成しなさい.

1. Keras を用いて 2 層ニューラルネットワークを構築して，Iris データセットの学習を行う.
2. 学習の結果を表示する.
3. 学習曲線（Loss–エポックグラフ）を保存する.

ソースコード 9.3 ch9ex3.py

```
1  # Kerasによるirisデータセットの2層ニューラルネットワークの学習
```

```
2   import numpy as np
3   import matplotlib.pyplot as plt
4   from keras.models import Sequential
5   from keras.layers import Dense, Activation
6   from keras.optimizers import SGD, RMSprop, Adam
7   from sklearn import datasets, preprocessing, metrics
8   from sklearn.utils import shuffle
9   from keras.utils import np_utils
10
11  # データを用意
12  iris = datasets.load_iris()
13  dataxx = iris['data']
14  truelabel = iris['target']
15  dataxx, truelabel = shuffle(dataxx, truelabel)
16  X = preprocessing.scale(dataxx)
17  Y = np_utils.to_categorical(truelabel)
18  tt, mm = X.shape
19  tt, nn = Y.shape
20
21  # モデルを構築
22  model = Sequential()
23  model.add(Dense(input_dim=mm, units=10, use_bias=True, ←
        activation="sigmoid"))
24  model.add(Dense(units=nn, use_bias=False, activation="softmax"))
25  # 学習条件を設定(optimizerの設定の比較：1つのみ#を外して実行)
26  model.compile(loss="categorical_crossentropy", optimizer=SGD(lr=0.1))
27  #model.compile(loss="categorical_crossentropy", ←
        optimizer=RMSprop(lr=0.1))
28  #model.compile(loss="categorical_crossentropy", ←
        optimizer=Adam(lr=0.1))
29
30  # モデルの学習
31  history = model.fit(X, Y, epochs=5000, batch_size=15)
32
33  # 学習の評価結果を表示
34  lossmin = 0.05
35  result = model.evaluate(X, Y, batch_size=1)
36  print("評価の結果：")
37  print("損失関数=", result)
38  if result < lossmin:
39      # データから予測
40      outputprob = model.predict(X)
41      outputlabel = np.argmax(model.predict(X), axis=-1)
42      for true, output in zip(truelabel, outputlabel):
43          print("真ラベル=", true, "␣推測ラベル=", output)
44      # 分類結果の評価
```

```
45      print("分類結果の評価:")
46      print("正解率␣=␣←↵
            {0:.6f}".format(metrics.accuracy_score(truelabel, outputlabel)))
47      print(metrics.classification_report(truelabel, outputlabel))
48  else:
49      print("学習がうまくできませんでし た.")
50
51  # 学習曲線を表示
52  plt.figure(figsize=(10, 6))
53  plt.plot(history.epoch, history.history["loss"])
54  plt.title("Learning␣Curve", fontsize=20)
55  plt.xlabel("Epoch")
56  plt.ylabel("Loss", fontsize=16)
57  plt.savefig("ch9ex3 fig 1.png")
```

💬 **ソースコードの解説**

12〜17: Iris データセットからデータを読み込んで, 入力データ X と出力データ Y を用意します.

12: Iris データセットをロード（メインメモリに展開）します.

13: Iris データセットの特徴量データを dataxx に代入します.

14: Iris データセットの正解データを truelabel に代入します.

15: dataxx と truelabel をセットでシャッフルします.

16: preprocessing.scale() メソッドを呼び出して, dataxx の正規化を行って, X に代入します.

17: np_utils.to_categorical() メソッドを呼び出して, truelabel を one-hot ベクトルに変換して, Y に代入します.

18: X の行数, 列数を取得して, tt と mm に代入します.

19: Y の行数, 列数を取得して, tt と nn に代入します.

22〜28: 2 層のニューラルネットワークを構築します.

22: Sequential モデルとして, model（モデル）を用意します.

23: model に全結合層（Dense 層）を追加します. 追加した全結合層の入力数は mm, 出力数は 10 として, 活性化関数にはシグモイド関数を用います.

24: model に全結合層（Dense 層）を追加します. 追加した全結合層の出力数は nn として, 活性化関数にはシグモイド関数を用います.

26〜28: 学習用の各種パラメータを指定します. 3 種類の学習アルゴリズムのうち, 1 つだけ選んで#を外してください.

26: 学習用の各種パラメータを指定します. 損失関数を交差エントロピー categorical_crossentropy に設定します. また, 学習アルゴリズムは確率的勾配降下法 sgd（学習率 lr = 0.1）に設定します.

27: 学習用の各種パラメータを指定します．損失関数を交差エントロピー categorical_crossentropy に設定します．また，学習アルゴリズムは RMSprop（学習率 lr = 0.1）に設定します．

28: 学習用の各種パラメータを指定します．損失関数を交差エントロピー categorical_crossentropy に設定します．また，学習アルゴリズムを Adam（学習率 lr = 0.1）に設定します．

31: 用意したデータセット X, Y を用いてモデルの学習を行い，学習の過程を history に代入します．エポック数 epochs を 5000，バッチサイズ batchsize を 15 に設定します．

45〜47: 分類の結果の評価指標を算出して，表示します．

45: 「分類結果の評価」を表示します．

46: metrics.accuracy_score() メソッドを呼び出し，正解率を算出して表示します．

47: metrics.classification_report() メソッドを呼び出し，各ラベルに対する適合率，再現率，F 値を算出して，表示します．

52〜57: 学習曲線（Loss–エポックグラフ）を作成して，PNG 形式でファイルに保存します．

▶ **実行結果**

```
 1  ......
 2  （略）
 3  ......
 4  真ラベル= 1    推測ラベル= 1
 5  真ラベル= 0    推測ラベル= 0
 6  真ラベル= 0    推測ラベル= 0
 7  真ラベル= 1    推測ラベル= 1
 8  真ラベル= 0    推測ラベル= 0
 9  真ラベル= 0    推測ラベル= 0
10  真ラベル= 1    推測ラベル= 1
11  真ラベル= 0    推測ラベル= 0
12  真ラベル= 2    推測ラベル= 2
13  真ラベル= 2    推測ラベル= 2
14  真ラベル= 2    推測ラベル= 2
15  真ラベル= 2    推測ラベル= 2
16  真ラベル= 2    推測ラベル= 2
17  真ラベル= 2    推測ラベル= 2
18  分類結果の評価:
19  正解率 = 0.986667
20              precision    recall  f1-score   support
21
22           0       1.00      1.00      1.00        50
23           1       0.98      0.98      0.98        50
24           2       0.98      0.98      0.98        50
25
26    accuracy                           0.99       150
27   macro avg       0.99      0.99      0.99       150
28 weighted avg      0.99      0.99      0.99       150
```

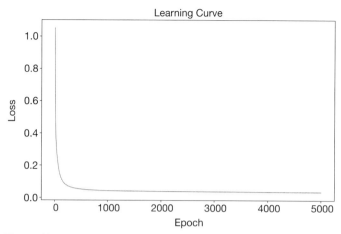

図 9.2 例題 9.3 の Iris データセットの学習曲線（Loss–エポックグラフ）

9.7.4 digits データセットの学習プログラム

例題 9.4

以下の仕様要求を実現するプログラムを作成しなさい.

1. Keras を用いて 3 層ニューラルネットワークを構築して，digits データセットの学習を行う.
2. 学習の結果を表示する.
3. 評価指標 mse の学習曲線を保存する.
4. 評価指標 accuracy の学習曲線を保存する.

ソースコード 9.4　ch9ex4.py

```
1  # Kerasによるdigitsデータセットの3層ニューラルネットワークによる学習
2  import numpy as np
3  import matplotlib.pyplot as plt
4  from keras.models import Sequential
5  from keras.layers import Dense, Activation
6  from keras.optimizers import SGD
7  from sklearn import datasets, preprocessing, metrics
8  from sklearn.utils import shuffle
9  from keras.utils import np_utils
10
11 # データを用意
```

```
12  digits = datasets.load_digits()
13  dataxx = digits['data']
14  truelabel = digits['target']
15  dataxx, truelabel = shuffle(dataxx, truelabel)
16  X = preprocessing.scale(dataxx)
17  Y = np_utils.to_categorical(truelabel)
18  tt, mm = X.shape
19  tt, nn = Y.shape
20
21  # モデルを構築
22  model = Sequential()
23  model.add(Dense(input_dim=mm, units=30, use_bias=True, ←
        activation="sigmoid"))
24  model.add(Dense(units=20, use_bias=False, activation="sigmoid"))
25  model.add(Dense(units=nn, use_bias=False, activation="softmax"))
26  model.compile(loss="categorical_crossentropy", ←
        optimizer=SGD(lr=0.1), metrics=['mse', 'accuracy'])
27
28  # モデルの学習
29  history = model.fit(X, Y, epochs=5000, batch_size=30)
30
31  # 学習の評価結果を表示
32  lossmin = 0.01
33  result = model.evaluate(X, Y, batch_size=1)
34  print("評価の結果:")
35  print("損失関数=", result[0])
36  if result[0] < lossmin:
37      print("学習がうまくできました.")
38      # データから予測
39      outputprob = model.predict(X)
40      outputlabel = np.argmax(model.predict(X), axis=-1)
41      for true, output in zip(truelabel, outputlabel):
42          print("真ラベル=", true, " 推測ラベル=", output)
43      # 分類結果の評価
44      print("分類結果の評価:")
45      print("正解率 = ←
          {0:.6f}".format(metrics.accuracy_score(truelabel, outputlabel)))
46      print(metrics.classification_report(truelabel, outputlabel))
47  else:
48      print("学習がうまくできませんでした.")
49
50  # 学習曲線を表示
51  plt.figure(figsize=(10, 6))
52  plt.plot(history.epoch, history.history["mse"])
53  plt.title("Learning Curve", fontsize=20)
54  plt.xlabel("Epoch")
```

```
55  plt.ylabel("MSE", fontsize=16)
56  plt.savefig("ch9ex4 fig 1.png")
57
58  plt.figure(figsize=(10, 6))
59  plt.plot(history.epoch, history.history["accuracy"])
60  plt.title("Learning␣Curve", fontsize=20)
61  plt.xlabel("Epoch")
62  plt.ylabel("Accuracy", fontsize=16)
63  plt.savefig("ch9ex4 fig 2.png")
```

💬 **ソースコードの解説**

12〜19: digits データセットからデータを読み込んで，入力データ X と出力データ Y を用意します.

12: digits をロード（メインメモリに展開）します.

13: digits のデータ属性を dataxx に代入します.

14: digits のターゲット属性を truelabel に代入します.

15: dataxx と truelabel をセットでシャッフルします.

16: preprocessing.scale() メソッドを呼び出し，dataxx の正規化を行って，X に代入します.

17: np_utils.to_categorical() メソッドを呼び出し，truelabel を one-hot ベクトルに変換して，Y に代入します.

18: X の行数，列数を取得して，tt と mm に代入します.

19: Y の行数，列数を取得して，tt と nn に代入します.

22〜24: 3 層のニューラルネットワークを構築します.

22: Sequential モデルとして，モデル（model）を用意します.

23: model に全結合層（Dense 層）を追加します. 追加した全結合層の入力数は mm，出力数は 30 として，活性化関数にはシグモイド関数を用います.

24: model に全結合層（Dense 層）を追加します. 追加した全結合層の出力数は 20 として，活性化関数にはシグモイド関数を用います.

25: model に全結合層（Dense 層）を追加します. 追加した全結合層の出力数は nn として，活性化関数にはソフトマックス関数を用います

26: 学習用の各種パラメータを指定します. 損失関数を交差エントロピー categorical_crossentropy に設定します. また，学習アルゴリズムを確率的勾配降下法 sgd（学習率 lr = 0.1），評価指標を 2 乗誤差 mse と正解率 accuracy に設定します.

29: 用意したデータセット X, Y を用いて，model の学習を行い，学習の過程を history に代入します. エポック数 epochs を 5000，バッチサイズ batchsize を 30 に設定します.

51〜56: 学習の過程を示す 2 乗誤差のグラフを作成して，保存します．

58〜63: 学習の過程を示す正解率のグラフを作成して，保存します．

▷ **実行結果**

```
1    ......
2    （略）
3    ......
4    真ラベル= 5    推測ラベル= 5
5    真ラベル= 8    推測ラベル= 8
6    真ラベル= 8    推測ラベル= 8
7    真ラベル= 6    推測ラベル= 6
8    真ラベル= 4    推測ラベル= 4
9    真ラベル= 9    推測ラベル= 9
10   真ラベル= 1    推測ラベル= 1
11   真ラベル= 1    推測ラベル= 1
12   真ラベル= 0    推測ラベル= 0
13   真ラベル= 8    推測ラベル= 8
14   真ラベル= 7    推測ラベル= 7
15   真ラベル= 8    推測ラベル= 8
16   真ラベル= 4    推測ラベル= 4
17   真ラベル= 0    推測ラベル= 0
18   真ラベル= 7    推測ラベル= 7
19   真ラベル= 4    推測ラベル= 4
20   真ラベル= 5    推測ラベル= 5
21   真ラベル= 4    推測ラベル= 4
22   真ラベル= 6    推測ラベル= 6
23   真ラベル= 0    推測ラベル= 0
24   真ラベル= 2    推測ラベル= 2
25   真ラベル= 6    推測ラベル= 6
26   真ラベル= 4    推測ラベル= 4
27   真ラベル= 0    推測ラベル= 0
28   真ラベル= 0    推測ラベル= 0
29   分類結果の評価:
30   正解率 = 1.000000
31              precision    recall  f1-score    support
32
33          0       1.00      1.00      1.00       178
34          1       1.00      1.00      1.00       182
35          2       1.00      1.00      1.00       177
36          3       1.00      1.00      1.00       183
37          4       1.00      1.00      1.00       181
38          5       1.00      1.00      1.00       182
39          6       1.00      1.00      1.00       181
40          7       1.00      1.00      1.00       179
41          8       1.00      1.00      1.00       174
42          9       1.00      1.00      1.00       180
43
44   accuracy                           1.00      1797
45   macro avg       1.00      1.00      1.00      1797
46   weighted avg    1.00      1.00      1.00      1797
```

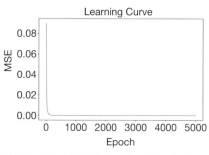

図9.3　例題 9.4 の digits データセットの
　　　 学習曲線（2 乗誤差–エポックグラフ）

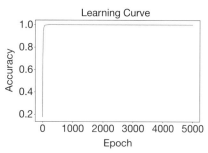

図9.4　例題 9.4 の digits データセットの
　　　 学習曲線（正解率–エポックグラフ）

演 習 問 題

問題 9.1　例題 9.1（170 ページ）のプログラムをもとに，以下のような仕様変更を実現
するプログラムを作成しなさい．

> 第 7 章の例題 7.1（127 ページ）で作成した xorgate10000.npz ファイル
> からデータを読み込んで，X と Y を作成する．必要に応じて，学習率，
> エポック数を調整すること．

問題 9.2　例題 9.1 のプログラムをもとに，以下のような仕様変更を実現するプログラ
ムを作成しなさい．

> 第 5 章の例題 5.1（90 ページ）で作成した sougouhyouka.npz ファイル
> からデータを読み込んで，X と Y を作成する．必要に応じて，学習率，
> エポック数を調整すること．

問題 9.3　例題 9.3（175 ページ）のプログラムをもとに，以下のような仕様変更を実現
するプログラムを作成しなさい．

> 学習アルゴリズムとして，確率的勾配降下法，RMSprop, Adam を用いてそれぞれ学習を行い，その結果を historySGD, historyRMSprop, historyAdam にそれぞれ保存する．
> 保存された学習の結果から，損失関数 loss を取り出して，1 枚の図にまとめてそれぞれのグラフを表示する．

さらに，それぞれのグラフから，3 つの学習アルゴリズムの収束速度を比較しなさい．

問題 9.4　例題 9.4（179 ページ）のプログラムをもとに，以下のような仕様変更を実現するプログラムを作成しなさい．

> 5 層のニューラルネットワークに変更して，出力層以外の各層の出力数を 30, 20, 10, 10 とする．必要に応じて，バッチサイズとエポック数を調整すること．

さらに，各評価指標の学習曲線，および分類の評価結果を例題 9.4 と比較しなさい．

Column：オープンソース

　オープンソース（open source）とは，ソースコードが無償で公開されているという意味です．オープンソースソフトウェア（open source software; OSS）は，一定のライセンス条件のもとで，無償で利用できるものが多いですが，オープンソースソフトウェアという言葉自体には，フリーソフトウェア（free software）と違って，無償で利用できるという意味はありません．

　なお，ソースコードが無償で公開されているといっても，一般ユーザの場合は，特にソースコードを読んだり，理解したり，あるいは書き直したりする必要はありません．公開されている使い方にしたがって，提供された機能を呼び出すだけで利用できます．

第 **10** 章

CNNで時系列データを処理しよう

　本章では，1 次元の CNN（畳み込みニューラルネットワーク）について説明します．CNN のしくみを理解するためには，畳み込みという概念の理解が不可欠ですので，これについてまず詳しく解説します．

　そのうえで，確率的勾配降下法による学習アルゴリズムをまとめ，その動作確認を行います．

　また，Keras の 1 次元畳み込みメソッドについて解説し，Keras の各種メソッドを用いて，具体的な応用問題のプログラムを実現します．

10.1　畳み込みとは何か

　CNN（Convolutional Neural Network, **畳み込みニューラルネットワーク**）は，AI による画像処理などに広く応用されている優れた手法です．その本質は，畳み込みという概念にあります．

　畳み込み（convolution）は，ディジタル信号処理分野から引き継がれた専門用語です．もともと，1 次元の**時系列データ**（time series data）[*1]を処理するための 1 つの演算です．まず，一般的な 1 次元畳み込み演算の定義を以下に示します．

> ### ポイント 10.1　1 次元畳み込み演算の定義
>
> 　1 次元時系列データ $x(k)$ $(k = \ldots, -1, 0, 1, \ldots)$ および $y(k)$ $(k = \ldots, -1, 0, 1, \ldots)$ に対して，以下の式で表される演算を，x と y の畳み込み演算という．

---

*1　観測時刻順に記録された観測対象の状態を表す一連の数値のことです．

$$z(k) = \sum_{m=-\infty}^{\infty} x(m)\, y(k-m)$$

$$\qquad = \sum_{m=-\infty}^{\infty} y(m)\, x(k-m) \tag{10.1}$$

　時系列データの場合，変数は時刻[*2]を表すものなので，変数の $k-m$ は，現在の時刻 k からある時間 m だけ前の過去の時刻 $k-m$ を表しています．一般的に 1 次元の畳み込み演算では，時刻の変数を $k-m$ のように与えて，過去のデータを使って演算を行います[*3]．また，このように $x(k)$ から $x(k-m)$ に変えることを「$x(k)$ を m 個過去にシフトする」ということがあります．

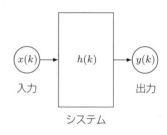

図 10.1　時系列システムの
ブロック図

　式 (10.1) は，音響や電気の時系列を処理するために使われています．ここでは，**図 10.1** のような時系列処理を行うシステムについて考えてみましょう．

　この図において，$h(k)$ はシステムの特性を表すもので，**インパルス応答**（impulse response）[*4]といいます．その値が時刻 M までしか続かない場合において，図 10.1 の入力と出力の間の関係式は次のようになります．

ポイント 10.2　**時系列システムの入出力関係式**

　インパルス応答 $h(m)$ $(m = 0, 1, 2, \ldots, M)$ を有するシステムに，入力 $x(k)$ $(k = 0, 1, 2, \ldots)$ を与えると，その出力 $y(k)$ $(k = 0, 1, 2, \ldots)$ は，以下の畳み込み演算によって計算できる．

$$y(k) = \sum_{m=0}^{M} h(m)\, x(k-m) \tag{10.2}$$

[*2]　より正確に説明するために，本書では，**時刻**は，時間軸上の点を表します．**時間**は，時刻と時刻の間の間隔を表します．

[*3]　2 次元畳み込みの定義（224 ページ参照）と比較してみてください．

[*4]　時刻 0 のとき，非常に短い時間だけシステムにインパルス（impulse, 衝撃）と呼ばれる入力を与えたときの出力（response, 応答）のことです

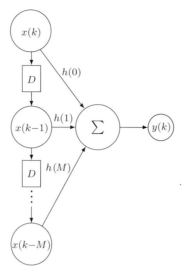

図 10.2　畳み込み演算のブロック図

　式 (10.2) だけではイメージがわかないので, 畳み込み演算のブロック図を**図 10.2** に示します. 図 10.2 において, $\boxed{D}$ は遅れ（delay）を表す記号です.

　ここで, 入力 $x(k)$ を $\boxed{D}$ に通したら, $x(k)$ の 1 つ前の値 $x(k-1)$ となります. さらに, $x(k-1)$ を $\boxed{D}$ に通したら, その 1 つ前の $x(k-2)$ となり, $\cdots$, $x(k-M+1)$ を $\boxed{D}$ に通したら, その 1 つ前の $x(k-M)$ となります. これらの遅らせた入力 $x(k-m)$ $(m=0,1,2,\ldots,M)$ をインパルス応答 $h(m)$ $(m=0,1,2,\ldots,M)$ と乗じて足し合わせると出力 $y(k)$（式 (10.2)）となるというわけです.

例題 10.1

以下の仕様要求を実現するプログラムを作成しなさい.

1. 式 (10.2) により, 出力を求める.
   1) 入力 x には, ランダムノイズ[*5]を加えた正弦波を用いる.
   2) インパルス応答は

   $$h = \left[\frac{1}{10}, \frac{1}{10}, \frac{1}{10}, \frac{1}{10}, \frac{1}{10}, \frac{1}{10}, \frac{1}{10}, \frac{1}{10}, \frac{1}{10}, \frac{1}{10} \right]$$

   とする.
2. 入力と出力を上下に配置し, 1 枚のグラフにして表示する.

ここで，インパルス応答は全部で 10 個なので，式 (10.2) で $M = 9$ となります．また，$h(m)$ の要素はすべて同じ $\dfrac{1}{10}$ なので，出力 $y(k)$ は以下となります．

$$y(k) = \sum_{m=0}^{9} h(m)\, x(k-m) = \frac{1}{10} \sum_{m=0}^{9} x(k-m) \tag{10.3}$$

式 (10.3) は，直近の 10 個の値 $x(k), \ldots, x(k-9)$ の平均をとっていることになります．

ソースコード 10.1　ch10ex1.py

```python
# 畳み込み演算の例：平滑化（ノイズを取り除く）
import numpy as np
import matplotlib.pyplot as plt

kk = 1000
time = np.arange(kk)

# 入力データを用意
x = np.sin(time/100.0*np.pi) + 0.2*np.random.rand(kk)

# インパルス応答を用意
h = np.array([1/10, 1/10, 1/10, 1/10, 1/10, 1/10, 1/10, 1/10, 1↩
    /10, 1/10])
nn = len(h)

# 畳み込み演算により出力データを計算
xx = np.zeros([kk, nn])
for n in range(nn):
    xx[n:kk,n] = x[0:kk-n]
y = np.dot(h, xx.T)

# グラフを作成
plt.figure(figsize=(10, 6))
plt.subplot(211)
plt.plot(time, x)
plt.title('Input')
plt.subplot(212)
plt.plot(time, y)
plt.title('Output')
plt.subplots_adjust(hspace=0.5)
plt.savefig("ch10ex1fig1.png")
```

---

*5　ランダムノイズとは，不規則に発生するノイズのことです．プログラミングするとき，乱数を用いて生成します．

💬 ソースコードの解説

5: データ数 kk に 1000 を代入します.

6: 配列 $[0, 1, \ldots, kk - 1]$ を作成して，time に代入します.

9: 5 周期分（10π）の正弦波データに 0～0.2 範囲内の乱数を加えて，入力の配列 x に代入します.

12: 10 個の要素が全部 $\dfrac{1}{10}$ の配列をインパルス応答 h に代入します.

13: インパルス応答 h の長さ（要素の数）を求めて，nn に代入します.

16～19: 式 (10.2) により，出力を計算します.

16: その全要素に 0 の配列 xx を用意します.

17～18: for 文ブロック. 配列 xx の中身を用意します.

17: for 文. 作業変数 n はリスト $[0, 1, 2, \ldots, nn - 1]$ から順次，値をとります.

18: 配列 x の 0 から $kk - n$ までの要素を，xx の，n 列目の n から kk までの要素に代入します. これにより，x の n だけ遅延したデータを作成します.

19: h と xx の転置行列の積を計算して，畳み込みを求めます.

22～30: 入力と出力のグラフを作成します.

22: 横サイズ 10，縦サイズ 6 のグラフを作成します.

23: 全体で 2 行 1 列の，1 番目のグラフ（サブグラフ）を作成します.

24: 配列 time と配列 x のグラフを作成します.

25: グラフの表題を Input とします.

26: 全体で 2 行 1 列の，2 番目のグラフ（サブグラフ）を作成します.

27: 配列 time と配列 y のグラフを作成します.

28: グラフの表題を Output とします.

29: サブグラフ間で，縦間隔を調整します.

30: これまでに作成したグラフを PNG 形式でファイルに保存します.

▶ 実行結果

実行結果の**図 10.3** では，不規則な変動が混じっている Input（入力）のグラフに対して，Output（出力）のグラフはほぼきれいな正弦波のグラフになっています. つまり，式 (10.2) により，入力からノイズが取り除かれています.

このように，畳み込みによって，入力に，ある特定の処理や加工を行った出力を求めることができます. このような畳み込みの効果は**フィルタリング**（filtering）とも呼ばれます.

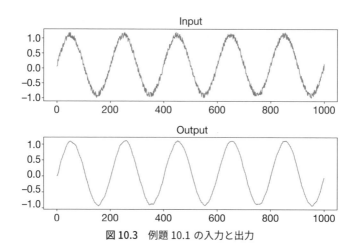

図 10.3　例題 10.1 の入力と出力

10.2　CNN（畳み込みニューラルネットワーク）

前節では，インパルス応答があらかじめ与えられているとして，それを使って，入力から出力を計算しました．

今度は，インパルス応答を調整可能な重みに置き換えてみましょう．つまり，式 (10.2) のインパルス応答 $h(m)$ $(m = 0, 1, 2, \ldots, M)$ を調整可能な重み $w_k(k = 0, 1, 2, \ldots, M)$ に置き換えるわけです．さらに，その出力を活性化関数に通すことにします．そうすると，**図 10.4** の 1 出力の **CNN**（Convolutional Neural Network，**畳み込みニューラルネットワーク**）ができ上がります．この CNN を用いることで，与えられた入力と出力のデータから，インパルス応答を学習アルゴリズムによって見つけることが可能となります．

それでは，CNN の学習アルゴリズムを考えてみましょう．図 10.4 を，単純パーセプトロンの図（図 5.3，87 ページ）と比べてみると，入力が x_m $(m = 0, 1, 2, \ldots, M)$ から $x(k - m)$ $(m = 0, 1, 2, \ldots, M)$ に変わっただけであることに気づきます．したがって，単純パーセプトロンの重み w_m の更新式の $x_m(k)$ を，ただ単に $x(k - m)$ に置き換えれば，CNN の学習アルゴリズムとなることがわかります．

> **ポイント 10.3**　**1 出力の CNN の確率的勾配降下法**
>
> 損失関数に 2 乗誤差を採用したとき，1 出力の CNN の重み w_m $(m = 0, 1, 2, \ldots, M)$ の最適解は，以下の手順によって見つけることができる．

初期値：

$$w_m(0) = (適切な任意値) \tag{10.4}$$

繰返し処理：

for $k = 0, 1, \ldots, K$:

$$w_m(k+1) = w_m(k) + \eta(z(k) - \hat{z}(k))\, f'(y(k))\, x(k-m) \tag{10.5}$$

ここで，学習率 $\eta > 0$ である．

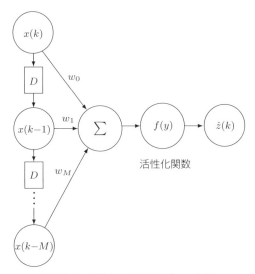

図 10.4　1 出力の CNN のブロック図

10.3　活性化関数（その4）：tanh 関数

　前節のとおり，1 次元の CNN の学習アルゴリズムは，単純パーセプトロンからの類推で簡単に得ることができますが，活性化関数については別途，配慮が必要です．これまでに，分類問題を扱うために，活性化関数として，シグモイド関数とソフトマックス関数を用いましたが，そのいずれも 0 から 1 の範囲の出力となっています．一方，1 次元の CNN では，時系列データを処理します．時系列のデータは，一般に正の値も負の値もあり得ます．次の層への入力として使うために，-1 から 1 の範囲内に出力の値を整える必要があります．ここで，以下の **tanh 関数（双曲線正接関数）**

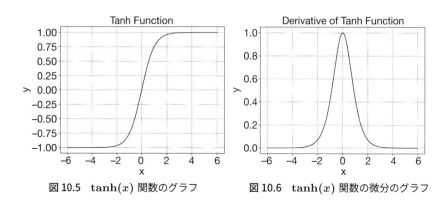

図 10.5　$\tanh(x)$ 関数のグラフ　　**図 10.6　$\tanh(x)$ 関数の微分のグラフ**

を活性化関数として用います.

$$\tanh(x) = \frac{e^x - e^{-x}}{e^x + e^{-x}} \tag{10.6}$$

　式 (10.6) のグラフを**図 10.5** に示します. これからわかるように, 式 (10.6) は入力 x が大きな負の値のとき出力 y の値がほぼ -1, 入力 x が大きな正の値のとき出力 y の値がほぼ 1 になります. そして, x の値が 0 の前後で, 出力 y が -1 から 1 に急速に変化します.

　ここで, 確率的勾配降下法を用いるときには活性化関数の微分が必要になりますので, tanh 関数の微分を求めます.

$$\tanh'(x) = \frac{1}{\cosh^2 x} \tag{10.7}$$

式 (10.7) のグラフを**図 10.6** に示します.

10.4　1 次元 CNN のプログラム例

例題 10.2

以下の仕様要求にしたがって, 1 次元の CNN の学習を実現するプログラムを作成しなさい. 活性化関数は $\tanh(x)$ 関数とする.

1. 学習用のデータを以下のように作成する.
   1) 入力データ x は, 正弦波とする.
   2) インパルス応答は, $h = [1, 0.8, 0.4]$ とする.
   3) 入力データ x とインパルス応答をもとに, 式 (10.2) を計算して出力データを得る.

2. 各データについて，以下の処理を繰り返す.
   1) 出力を計算する.
   2) 誤差を計算する.
   3) 学習の状況を評価する RMSE を計算する.
   4) 繰返し番号，真値，予測値，RMSE を表示する.
   5) RMSE が許容値より小さくなった場合は，繰返しを終了する.
   6) 確率的勾配降下法により重みを更新する.
3. 繰返し終了後，以下の処理を行う.
   1) 学習結果の重みを表示する.
   2) 学習曲線（RMSE–サンプルグラフ）を作成して，PNG 形式でファ
      イルに保存する.

ソースコード 10.2　ch10ex2.py

```
1   # 1次元畳み込みニューラルネットワークの学習
2   # ＋学習曲線表示
3   # 入力データ：正弦波
4   # 出力データ：シフトした入力の和
5   # 活性化関数：tanh(x)
6
7   import numpy as np
8   import matplotlib.pyplot as plt
9   import datetime
10
11  # tanh関数の微分
12  def dtanh(x):
13          return 1.0/(np.cosh(x)*np.cosh(x))
14
15  # データの用意
16  def preparedata(kk, nn):
17      t = np.arange(kk)
18      x = np.sin(t/100.0*np.pi)
19      h=np.array([1.0, 0.8, 0.4])
20      xx = np.zeros([kk, nn])
21      for n in range(nn):
22          xx[n:kk,n] = x[0:kk-n]
23      y = np.dot(h, xx.T)
24      ymax = np.max(np.abs(y))
25      y = y/ymax
26      one = np.ones([kk,1])
27      onexx = np.concatenate((one, xx), 1)
28
```

```
29          return(onexx, y)
30
31  # 重みの学習
32  def weightlearning(wwold, errork, xxk, yyk, eta):
33      wwnew = wwold + eta*errork*xxk*dtanh(yyk)
34
35      return wwnew
36
37  # 線形結合器
38  def linearcombiner(ww, xxk):
39      y = np.dot(ww,xxk)
40
41      return y
42
43  # 誤差の評価
44  def evaluateerror(error, shiftlen, k):
45      if(k>shiftlen):
46          errorshift = error[k+1-shiftlen:k]
47      else:
48          errorshift = error[0:k]
49      evalerror = np.sqrt(np.dot(errorshift, ←
            errorshift)/len(errorshift))
50
51      return evalerror
52
53  # グラフを作成
54  def plotevalerror(evalerror, kk):
55      x = np.arange(0, kk, 1)
56      plt.figure(figsize=(10, 6))
57      plt.plot(x, evalerror[0:kk])
58      plt.title("Root Mean Squared Error", fontsize=20)
59      plt.xlabel("k", fontsize=16)
60      plt.ylabel("RMSE", fontsize=16)
61      plt.savefig("ch10ex2 fig 1.png")
62
63      return
64
65  # メイン関数
66  def main():
67      eta = 2.20
68      shiftlen = 100
69      epsilon = 1/shiftlen
70      # データを用意
71      kk = 5000
72      nn = 3
73      xx, zztrue = preparedata(kk, nn)
```

```
74      kk, mm = xx.shape
75      print("kk=", kk)
76      print("mm=", mm)
77      # 繰返し：学習過程
78      wwold = np.zeros(mm)
79      error = np.zeros(kk)
80      evalerror = np.zeros(kk)
81      for k in range(kk):
82          yyk = linearcombiner(wwold, xx[k])
83          zzk = np.tanh(yyk)
84          error[k] = zztrue[k]-zzk
85          evalerror[k] = evaluateerror(error, shiftlen, k)
86          print("k={0}␣␣zztrue={1:10.6f}␣␣zz={2:10.6f}␣␣←
              RMSE={3:10.8f}".format(k, zztrue[k], zzk, evalerror[k]))
87          if(k>shiftlen and evalerror[k]<epsilon):
88              break
89          wwnew = weightlearning(wwold, error[k], xx[k], yyk, eta)
90          wwold = wwnew
91      # 重みの学習結果を表示
92      print("重みの学習結果:")
93      for m in range(mm):
94          print("w{0}={1:.8f}".format(m, wwold[m]))
95      plotevalerror(evalerror, k)
96
97      return
98
99  # ここから実行
100 if __name__ == "__main__":
101     start_time = datetime.datetime.now()
102     main()
103     end_time = datetime.datetime.now()
104     elapsed_time = end_time - start_time
105     print("経過時間=", elapsed_time)
106     print("すべて完了␣!!! ")
```

💬 ソースコードの解説

12〜13: tanh 関数の微分を定義します.

12: 関数の定義文. 関数名を dtanh とつけます. ここで, 引数として x を指定します.

13: return 文. 戻り値として, $\tanh(x)$ 関数の微分を指定します.

16〜29: 学習用データを用意する関数を定義します.

16: 関数の定義文. 関数名として. preparedata を指定します. 引数として, データ数 kk, 入力ベクトルの次元 nn を指定します.

17〜23: 式 (10.2) を計算して, 出力データ配列 y を得ます.

24: y から絶対値の最大値を取得して, ymax に代入します.

25:　y を正規化します.

26:　配列 one を生成します. その全要素が 1 になります.

27:　配列 one と配列 xx を横に結合して, 配列 onexx を得ます.

29:　return 文. 戻り値として, 配列 onexx, 配列 y を指定します.

32〜35:　重みを更新する関数を定義します.

32:　関数の定義文. 関数名を weightlearning とつけます. 引数として, 古い重み wwold, 誤り errork, 入力 xxk, 線形結合 yyk, 学習率 eta を指定します.

33:　確率的勾配降下法により, 新しい重みを計算します.

35:　return 文. 戻り値として, 新しい重み wwnew を指定します.

66〜97:　メイン関数を定義します. 例題 5.2 から, 以下の 2 か所の変更があります.

73:　kk と nn を引数として, 関数 preparedata() を呼び出し, 受け取ったデータを配列 xx, 配列 zztrue に代入します.

83:　yyk を NumPy の tanh() 関数に入れて, その結果を zzk に代入します.

▷ 実行結果

```
 1  ......
 2  （略）
 3  ......
 4  k=4990  zztrue= -0.330675  zz= -0.316293  RMSE=0.02270109
 5  k=4991  zztrue= -0.300867  zz= -0.285393  RMSE=0.02269168
 6  k=4992  zztrue= -0.270762  zz= -0.254199  RMSE=0.02268147
 7  k=4993  zztrue= -0.240390  zz= -0.222722  RMSE=0.02267032
 8  k=4994  zztrue= -0.209780  zz= -0.191058  RMSE=0.02265872
 9  k=4995  zztrue= -0.178964  zz= -0.159195  RMSE=0.02264643
10  k=4996  zztrue= -0.147971  zz= -0.127282  RMSE=0.02263444
11  k=4997  zztrue= -0.116832  zz= -0.095257  RMSE=0.02262222
12  k=4998  zztrue= -0.085577  zz= -0.063338  RMSE=0.02261148
13  k=4999  zztrue= -0.054238  zz= -0.031383  RMSE=0.02260102
14  重みの学習結果:
15  w0=0.09618910
16  w1=0.66851267
17  w2=0.87810102
18  w3=1.08780973
19  経過時間= 0:00:00.769797
20  すべて完了 !!!
```

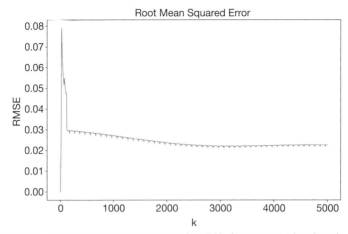

図 10.7　例題 10.2 の 1 次元の CNN の学習曲線（RMSE–サンプルグラフ）

10.5　Keras による 1 次元の CNN の実現

Keras では，1 次元の CNN の畳み込み層を構築するメソッドとして，**Conv1D()** が用意されています．また，学習の性能向上のために，畳み込み層の次に**プーリング層**と呼ばれる層を入れることがよくあります．Keras でも，このためのメソッドとして，MaxPooling() と GlobalMaxPooling() の 2 種類が用意されています．

10.5.1　Conv1D()

Conv1D() は，1 次元畳み込み層を構築するメソッドです．Conv1D() を使用するためには，まず

```
from keras.layers.convolutional import Conv1D
```

で読み込んで

```
model.add(Conv1D(フィルタ数, カーネルサイズ, ...)
```

のように，引数を与えて，モデルに追加します．

Conv1D() の主な引数の意味を以下にまとめます．

- **filters**：出力フィルタの数．ここで，フィルタリングは畳み込み演算で実現されますので，畳み込み演算の数と同じです．なお，この引数はデフォルト設定がないため，必ず与えなければなりません．

- **kernel_size**：カーネルサイズ．Keras では，1 次元の場合，フィルタのインパルス応答がカーネル（225 ページ参照）になりますから，カーネルサイズは，インパルス応答の長さのことです．なお，この引数はデフォルト設定がないため，必ず与えなければなりません．
- **strides**：歩幅．畳み込み演算において，毎回シフトするデータの数のことです．デフォルト設定は 1 です．
- **activation**：sigmoid（シグモイド関数），softmax（ソフトマックス関数），relu（ReLU 関数）（233 ページ参照），tanh（tanh 関数）などから選択できます．デフォルト設定はありません．設定しなければ，特に活性化関数を通さないで，そのまま出力します．
- **padding**：畳み込み演算でシフトするとき，データの端において，データが不足する場合の対処方法を設定します．valid（特に何もしない），same（出力を入力と同じ長さにする）と casual（因果的[*6]）から選択できます．デフォルト設定は valid です．
- **use_bias**：バイアス入力を加えるかどうかを True（加える），または False（加えない）で指定します．デフォルト設定は True です．

さらに，Conv1D() の引数を使用したコーディングの例を以下に示します．

- conv1D(10, 32)
  出力フィルタの数は 10，カーネルサイズは 32 とする．
- conv1D(filters=10, kernel_size=32)
  出力フィルタの数は 10，カーネルサイズは 32 とする．conv1D(10, 32) と書いたときと同じです．
- conv1D((filters=10, kernel_size=32, activation='tanh')
  出力フィルタの数は 10，カーネルサイズは 32，活性化関数は tanh 関数とする．
- conv1D((filters=10, kernel_size=32, input_shape=(100, 1))
  出力フィルタの数は 10，カーネルサイズは 32，入力データの形は 100 行 1 列とする．

10.5.2   MaxPooling1D()

MaxPooling1D() は，畳み込み層の出力配列データから，指定された分割範囲内で最大値を取得します．

[*6]   因果的 (causal) とは，システムの出力が過去と現在の入力にのみ依存し，未来の入力に依存しないことをいいます．

MaxPooling1D() を使用するためには，まず

```
from keras.layers.pooling import MaxPooling1D
```

で読み込んで

```
model.add(MaxPooling1D(pool_size=2, strides=1))
```

のように，引数を与えて，モデルに追加します．

MaxPooling() の主な引数の意味を以下に示します．

- **pool_size**：プーリングの適用対象となる領域のサイズを指定します．
- **strides**：データ領域のシフト幅．整数または None が指定できます．None の場合は，pool_size と同じだけシフトします．また，デフォルト設定は None です．
- **padding**：valid（特に何もしない），same（出力を入力と同じ長さにする）から選択できます．

10.5.3 GlobalMaxPooling1D()

GlobalMaxPooling1D() は，畳み込み層の出力配列データの全体から，最大値を取得します．

GlobalMaxPooling1D() を使用するためには，まず

```
from keras.layers.pooling import GlobalMaxPooling1D
```

で読み込んで，

```
model.add(GlobalMaxPooling1D())
```

のように，引数を与えて，モデルに追加します．

10.6 Keras による 1 次元 CNN のプログラム例

例題 10.3

Keras の 1 次元畳み込み層のフレームワークを用いて，入力と出力の時系列データからニューラルネットワークの学習を実現するプログラムを作成しなさい．

1. 学習用のデータを以下のように作成する．
   1) 入力 x に，正弦波を用いる．

　　2)　インパルス応答を $h = [1, 0.8, 0.4]$ とする.

　　3)　入力 x とインパルス応答 h の畳み込みを計算して，出力 y を求める.

　　4)　入力 x を入力データ inputdata とする. また，出力 y を正規化したものを出力データ outputdata とする.

2.　モデル（model）を作成する.

3.　model に 1 次元畳み込み層（Conv1D 層）を追加する.

4.　model にプーリング層（GlobalMaxPooling1D 層）を追加する.

5.　損失関数を平均 2 乗誤差 mse，学習アルゴリズムを確率的勾配降下法 sgd とする.

6.　inputdata と outputdata から model を学習して，その過程を history に保存する.

7.　model の Conv1D 層の重みを取得して，表示する.

8.　学習曲線（Loss–エポックグラフ）を作成して，PNG 形式でファイルに保存する.

ソースコード 10.3　ch10ex3.py

```
1   # Kerasによる1次元畳み込みニューラルネットワークの学習
2   # ＋学習曲線表示
3   # 入力データ：正弦波
4   # 出力データ：シフトした入力の和
5   # 活性化関数：tanh(x)
6   import numpy as np
7   import matplotlib.pyplot as plt
8   from keras.models import Sequential
9   from keras.layers.convolutional import Conv1D
10  from keras.layers.pooling import GlobalMaxPooling1D
11  # 学習のためのデータを用意
12  kk = 5000
13  nn = 3
14  t = np.arange(kk)
15  x = np.sin(t/100.0*np.pi)
16  h = np.array([1.0, 0.8, 0.4])
17  # 畳み込み演算でフィルタの出力を計算
18  xx = np.zeros([kk,nn])
19  for n in range(nn):
20      xx[n:kk,n] = x[0:kk-n]
21  y = np.dot(h, xx.T)
22  # 入力データと出力データを用意
23  inputdata  = x
24  ymax = np.max(np.abs(y))
```

```
25 | outputdata = y/ymax
26 | inputdata = inputdata.reshape((-1, 1, 1))
27 | outputdata = outputdata.reshape((-1, 1))
28 | # モデルを構築する.
29 | model = Sequential()
30 | model.add(Conv1D(filters=1, input_shape=(1, 1), kernel_size=16, ↵
   |     padding='same', activation='tanh'))
31 | model.add(GlobalMaxPooling1D())
32 | model.compile(loss='mse', optimizer='sgd')
33 | #model.compile(loss='mse', optimizer='adam')
34 | #model.compile(loss='mse', optimizer='rmsprop')
35 | model.summary()
36 | # モデルの学習
37 | history = model.fit(x=inputdata, y=outputdata, epochs=50, verbose=1)
38 | print("重みの学習結果:")
39 | # 重み配列を表示
40 | ww0 = model.layers[0].get_weights()
41 | print("第0層の重み:")
42 | print("バイアスの値={0:.8f}".format(ww0[1][0]))
43 | print("カーネルの重み=")
44 | for i in range(len(ww0[0])):
45 |     print("w[{0:2d}]={1:12.8f}".format(i, ww0[0][i][0][0]))
46 | # 学習曲線を作成
47 | plt.figure(figsize=(10, 6))
48 | plt.plot(history.epoch, history.history["loss"])
49 | plt.title("Learning Curve", fontsize=20)
50 | plt.xlabel("Epoch")
51 | plt.ylabel("Loss", fontsize=16)
52 | plt.savefig("ch10ex3 fig 1.png")
```

💬 **ソースコードの解説**

12～30:　学習のための入力データと出力データを用意します.

12:　データ数 kk を設定します.

13:　足し合わせる正弦波の数 nn を設定します.

14:　時間を表す配列 t をつくります. 配列 t の中身は $0, 1, \ldots, kk - 1$ とします.

15:　入力データの配列 x をつくります. この中身は, 配列 t に対応する正弦波とします.

16:　畳み込みを行うために, インパルス応答の配列 h をつくります.

18～21:　畳み込みで, 出力データの配列 y をつくります.

23:　配列 x を配列 inputdata に代入します.

24:　配列 y から絶対値の最大値を取得して ymax に代入します.

25:　配列 y を正規化して, 配列 outputdata に代入します.

26:　配列 inputdata を学習に必要な形に整えます. ここで -1 は, この変数の値は, 固定

ではなく，ほかの変数の値に合わせて調整することを表しています.

27:　配列 outputdata を学習に必要な形に整えます.

29:　Sequential 型のモデル（model）を用意します.

30:　model に 1 次元畳み込み層 Conv1D を追加します. 追加した全結合層（Dense 層）の
フィルタ数（出力数）は 1, 入力データの形は 1 行 1 列, カーネルサイズは 16, パディン
グは same, 活性化関数は tanh 関数とします.

31:　model に GlobalMaxPooling1D 層を追加します.

32〜34:　3 種類の学習アルゴリズムのうち，1 つだけ選んで# を外してください.

32:　損失関数は平均 2 乗誤差 mse に，また，学習アルゴリズムは確率的勾配降下法 sgd に
設定します.

33:　損失関数は平均 2 乗誤差 mse に，また，学習アルゴリズムは adam に設定します.

34:　損失関数は平均 2 乗誤差 mse に，また，学習アルゴリズムは rmsprop に設定します.

35:　構築したモデルのサマリを表示します.

37:　用意したデータセット inputdata, outputdata を用いて，model の学習を行い，学習
の過程を history に代入します. ここで，エポック数 epochs を 50 に，ログ[*7]出力の程
度 verbose を 1 に設定します.

38〜45:　学習済みのモデルから，重みを取得して表示します.

40:　学習済みのモデルから，第 0 層の重みを取得して，リスト ww0 に代入します.

41:　「第 0 層の重み：」を表示します.

42:　バイアス項の値 ww0[1][0] を表示します.

43〜45:　カーネルの重みの配列 ww0[0] を表示します.

▶ 実行結果

```
 1  ......
 2  （略）
 3  ......
 4  Epoch 41/50
 5  157/157 [==============================] - 0s 346us/step - loss: 0.0061
 6  Epoch 42/50
 7  157/157 [==============================] - 0s 242us/step - loss: 0.0061
 8  Epoch 43/50
 9  157/157 [==============================] - 0s 229us/step - loss: 0.0061
10  Epoch 44/50
11  157/157 [==============================] - 0s 263us/step - loss: 0.0061
12  Epoch 45/50
13  157/157 [==============================] - 0s 291us/step - loss: 0.0061
14  Epoch 46/50
15  157/157 [==============================] - 0s 247us/step - loss: 0.0061
16  Epoch 47/50
```

---

*7　**ログ** (log) とは，コンピュータが行った処理の記録のことです.

```
17  157/157 [==============================] - 0s 230us/step - loss: 0.0061
18  Epoch 48/50
19  157/157 [==============================] - 0s 272us/step - loss: 0.0061
20  Epoch 49/50
21  157/157 [==============================] - 0s 229us/step - loss: 0.0061
22  Epoch 50/50
23  157/157 [==============================] - 0s 253us/step - loss: 0.0061
24  重みの学習結果:
25  第0層の重み:
26  バイアスの値=-0.00033060
27  カーネルの重み=
28  w[ 0]=  0.08056888
29  w[ 1]=  0.40958300
30  w[ 2]= -0.13556662
31  w[ 3]= -0.24809788
32  w[ 4]=  0.19487616
33  w[ 5]= -0.41141009
34  w[ 6]= -0.32304257
35  w[ 7]=  1.33811903
36  w[ 8]=  0.21027264
37  w[ 9]= -0.04945031
38  w[10]= -0.15083110
39  w[11]=  0.32012889
40  w[12]= -0.28940630
41  w[13]= -0.20315868
42  w[14]=  0.33580491
43  w[15]=  0.10034832
```

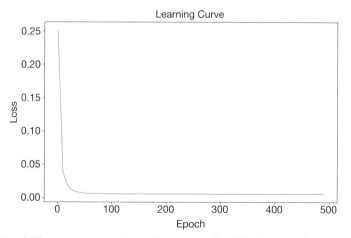

図 10.8　例題 10.3 の Keras による 1 次元 CNN の学習曲線（Loss–エポックグラフ）

演 習 問 題

問題 10.1 例題 10.1（187 ページ）のプログラムをもとに，以下のような仕様要求を実現するプログラムを作成しなさい.

1. 入力とインパルス応答の畳み込みにより，出力を求める.
    1) 入力には，方形波を用いる.
    2) インパルス応答を $h = [1, -1]$ とする.
2. 入力と出力のグラフを表示する.

問題 10.2 例題 10.2（192 ページ）のプログラムをもとに，以下のような仕様変更を実現するプログラムを作成しなさい.

> 正弦波のデータ x に，ランダムノイズを加える（例題 10.1 参照）. ランダムノイズに乗じる倍率をもとの 0.2 から 1.0, 0.5, 0.1 の順に変更する.

また，それぞれの倍率における学習曲線（RMSE–エポックグラフ）の結果を比較しなさい.

問題 10.3 例題 10.3（199 ページ）のプログラムをもとに，以下のような仕様変更を実現するプログラムを作成しなさい.

> 正弦波のデータ x に，ランダムノイズを加える（例題 10.1 参照）. ランダムノイズに乗じる倍率をもとの 0.2 から 1.0, 0.5, 0.1 の順に変更する.

また，それぞれの倍率における学習曲線（RMSE–エポックグラフ）の結果を比較しなさい.

第章

11

RNNで時系列データを処理しよう

　本章では，RNN（再帰型ニューラルネットワーク）について解説します．まず，簡単な再帰型システムの構成を示し，その意味や役割について説明します．そして，第4章で解説した単純パーセプトロンを拡張し，簡単なRNNの構成を示し，確率的勾配降下法による学習アルゴリズムをまとめます．

　本章の後半では，KerasのSimpleRNN層について解説し，具体的な応用問題のプログラムを示します．

11.1　簡単な再帰型システム

　RNN（Recurrent Neural Network, **再帰型ニューラルネットワーク**）は，AIによる自然言語処理などに広く応用されている優れた手法です．その特徴は，**再帰**（recurrent）という概念にあります．第2章にも，再帰という言葉出ましたが，ここの再帰[*1]とは，システムの出力を入力に戻して，現在の入力として，再利用することを指す用語です．つまり，**再帰型システム**（recurrent system）とは，出力を入力に戻して再利用するようなシステムです．図 **11.1** に，簡単な再帰型システムの構成を示して，その入出力関係を確認していきます．

　図 11.1 において，$\boxed{D}$ は遅れ（delay）を表す記号です．出力 $y(k)$ を遅れ $\boxed{D}$ に通したら，$y(k-1)$ になっています．時系列の場合，変数は時刻を表します．つまり，$k-1$ は，k より1時刻前（過去）という意味であり，$y(k-1)$ は1時刻前（過去）の出力を表します．また，a は入力 $x(k)$ に乗じる係数で，b は遅らせた出力 $y(k-1)$ に乗じる係数を表します．

　図 11.1 の入出力関係は以下のように表すことができます．

$$y(k) = ax(k) + by(k-1) \tag{11.1}$$

[*1]　recurrent は，re（再び）＋ current（現在の）が組み合わされた語で，再び現れるという意味です．第2章の再帰計算法の recursive と同じく，recurrent も再帰と訳されますが，英語では意味合いが異なります．また，区別するために**リカレント**ともいいます．

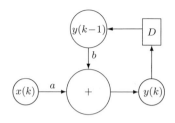

図 11.1 簡単な再帰型システムのブロック図

このような再帰型システムでは，現在（時刻 $= k$ のとき）の出力 $y(k)$ は，現在の入力 $x(k)$ だけでなく，1 時刻前（過去）の自分 $y(k-1)$ にも依存します.

ここで特に注意してほしいところですが，自分の過去を使うということは，自分の過去を覚えていないとできませんので，それを可能にするのが，遅れ素子 $\boxed{D}$ です.つまり，違う観点からみれば，$\boxed{D}$ は記憶素子です.再帰型システムのもっとも重大な意義は，過去の出力を記憶して，再び入力として利用することにあります.

式 (11.1) を，時刻 $k = 0$ から，$k = 1, 2, \ldots, k$ の順の繰り返して求めてみると，以下のようになります.ここで，出力 $y(k)$ の初期値は $y(-1) = 0$ とします.

$$
\begin{aligned}
y(0) &= ax(0) \\
y(1) &= ax(1) + by(0) = ax(1) + bax(0) \\
y(2) &= ax(2) + by(1) = ax(2) + bax(1) + b^2 ax(0) \\
&\vdots \\
y(k) &= ax(k) + by(k-1) = ax(k) + bax(k-1) + \cdots + b^k ax(0)
\end{aligned}
\tag{11.2}
$$

式 (11.2) より，k 時刻の出力は，それまでの，すなわち 0 時刻から k 時刻までのすべての入力に影響されることがわかります.

また，古い入力がどれぐらい影響力をもつかは，係数 b^k の値によって変わります.古い入力からの影響は時間が経つにつれ，薄れる必要があるので，係数 $|b| < 1$ でないといけません.したがって，与えられた b について，k が大きくなるにつれて，係数 b^k の大きさがだんだん小さくなります.これによって，古い入力の影響がだんだん小さくなります.いいかえれば，係数 b は記憶力を示すパラメータです.この係数 b の影響について，例題を使って理解を深めていきましょう.

例題 11.1

以下の仕様要求を実現するプログラムを作成しなさい.

1. 再帰型システム $y(k) = ax(k) + by(k-1)$ の出力を求める.
   1) 入力 x の値を, $k = 0$ ときは 1, それ以降はすべて 0 とする.
   2) 出力 y の初期値を 0 とする.
   3) 係数 a を 1.0 とする.
   4) 係数 b を $0.99, 0.95, 0.8, 0.3$ として, それぞれの場合について, 出力 y を求める.
2. 各出力のグラフを 1 つの図にまとめて表示する.

ソースコード 11.1　ch11ex1.py

```python
1  # 再帰型システムの動作確認
2  # 入力信号：なし
3  import numpy as np
4  import matplotlib.pyplot as plt
5
6  kk = 100
7  time = np.arange(kk)
8  x = np.zeros(kk)
9  x[0] = 1.0
10 a = 1.0
11 b = np.array([0.99, 0.95, 0.8, 0.3])
12 # 出力信号を求める.
13 y = np.zeros([len(b),kk])
14 for i in range(len(b)):
15     y[i, 0] = 0.0
16     for k in range(0,kk):
17         y[i, k] = a*x[k] + b[i]*y[i, k-1]
18 # グラフを作成
19 plt.figure(figsize=(10, 6))
20 linestyle = ["solid","dashed", "dashdot", "dotted"]
21 for i in range(len(b)):
22     plt.plot(time, y[i,:], linestyle=linestyle[i], ←
           label="b="+str(b[i]))
23 plt.title('Output of a Simple Recurrent System', fontsize=20)
24 plt.xlabel('k', fontsize=16)
25 plt.ylabel('y', fontsize=16)
26 plt.legend()
27 plt.savefig("ch11ex1 fig1.png")
```

💬 ソースコードの解説

6: データの総数 kk に 100 を代入します.

7: 配列 $[0, 1, \ldots, kk - 1]$ を作成して, time に代入します.

8: 入力 x のために, (全要素) $= 0$ の配列を用意します.

9: 配列 x の 0 番目の要素に 1 を代入します.

10: 係数 a に 1 を代入します.

11: 係数 b の値の配列を作成します.

13: 出力のために, (全要素) $= 0$ の配列を用意します. 行数を len(b), 列数を kk とします.

14〜17: 二重 for 文ブロック. 係数 b の各値について出力を計算します.

14: 外側の for 文. 作業変数 i はリスト $[0, 1, 2, \ldots, \text{len(b)}]$ から順次, 値をとります.

15: 出力 y の初期値を 0 にセットします.

16: 内側の for 文. 作業変数 k はリスト $[1, 1, 2, \ldots, kk - 1]$ から順次, 値をとります.

17: 式 (11.1) により, 現在の出力に代入します.

19〜27: 各出力のグラフを作成します.

19: 横サイズ 10, 縦サイズ 6 の図を作成します.

20: 線種のリストを用意します.

21: for 文. 作業変数 i はリスト $[0, 1, 2, \ldots, \text{len(b)}]$ から順次, 値をとります.

22: 配列 time と配列 y[i, :] の折れ線グラフを作成します. 線種と凡例を指定します.

23: 図に表題をつけます.

24: x 軸にラベルをつけます.

25: y 軸にラベルをつけます.

26: 凡例を表示します.

27: これまでに作成したグラフを PNG 形式でファイルに保存します.

▶ 実行結果

このプログラムを実行すると, 係数 b の各設定値に対する出力をまとめたグラフが**図 11.2** に保存されます.

この例題では, 入力 x は最初 ($k = 0$) しかありませんので, 出力 y はシステムにある入力の記憶とみなすことができます. 図 11.2 からわかるように, b が 1 に近い値であるとき, 出力は比較的ゆっくり減少すること, 対して, b が 0 に近くなればなるほど, 出力は急速に減少することがわかります. これを記憶曲線とみれば, b は再帰型システムにおいて記憶を保持する期間を制御するパラメータといえます. つまり, b を大きくすればするほど記憶を保持する期間を長くでき, 反対に, b を小さくすればするほど記憶を保持する期間を短くすることができます.

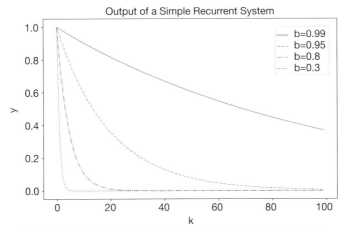

図 11.2　例題 11.1 の再帰型システムの出力（係数 b 別）のグラフ

11.2　簡単な RNN

　前節で簡単な再帰型システムについて説明をしました．これをもとに，**RNN**（Recurrent Neural Network, **再帰型ニューラルネットワーク**）について説明します．なお，再帰型ニューラルネットワークと区別するために，これまでに説明したニューラルネットワークを **FNN**（Feedforward Neural Network, **順伝播型ニューラルネットワーク**）と呼ぶことにします．さらに，説明を簡単にするために，ここでは，一般的な RNN の構成を前提としないで，前節の簡単な再帰型システムを拡張した簡単な RNN に限定しています．

11.2.1　簡単な RNN の構成

　簡単な RNN の構成[*2]のブロック図を**図 11.3** に示します．この RNN のブロック図は，FNN のブロック図（図 6.2，105 ページ）に，出力を遅れさせて入力側に戻すパス（経路）を追加すれば描くことができます．ここで，異なる時刻を明示的に示す必要がありますので，現在の時刻を k，1 つ前の時刻を $k-1$ で示してあります．

　図 11.3 から

$$\mathbf{y}(k) = \mathbf{W}\mathbf{x}(k) + \mathbf{V}\mathbf{z}(k-1) \tag{11.3}$$

$$\mathbf{z}(k) = f(\mathbf{y}(k)) \tag{11.4}$$

[*2]　簡単に説明できることを考えて，ここでは，出力を 1 時刻のみ遅延して入力に戻されるような構成に限定しています．これは，一般的な RNN の構成ではありません．

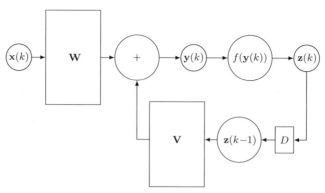

図 11.3　簡単な RNN のブロック図

とわかります．ここで，**W** は RNN の入力に乗じる重み行列であり，**フィードフォワード重み**と呼ばれます．また，**V** は RNN の出力の遅れに乗じる重み行列であり，**フィードバック重み**と呼ばれます．$f(\cdot)$ は活性化関数を表しています．

したがって，式 (11.3) のベクトル $\mathbf{y}(k)$ の各要素は

$$y_n(k) = \sum_{m=1}^{M} w_{nm} x_m(k) + \sum_{i=1}^{N} v_{ni} z_i(k-1) \qquad (n = 1, 2, \ldots, N) \tag{11.5}$$

と表すことができます．また，式 (11.4) のベクトル $\mathbf{z}(k)$ の各要素は

$$z_n(k) = f_n(\mathbf{y}(k)) \qquad (n = 1, 2, \ldots, N) \tag{11.6}$$

と表すことができます．ここで，$f_n(\mathbf{y}(k))$ は，活性化関数の n 番目の要素を表します．

11.3　簡単な RNN の学習アルゴリズム

ポイント 6.1（108 ページ）に示した多出力パーセプトロンの確率的勾配降下法に，フィードフォワード重み **W** とフィードバック重み **V** をそれぞれあてはめれば，図 11.3 に示す簡単な RNN の確率的勾配降下法が得られます．

ポイント 11.1 簡単な RNN の確率的勾配降下法[*3]

損失関数に 2 乗誤差を採用したとき，RNN のフィードフォワード重み $\mathbf{W} = (w_{nm})\,(n = 1, 2, \ldots, N,\ m = 1, 2, \ldots, M)$ の最適解，および，フィードバック重み $\mathbf{V} = (v_{ni})\,(n = 1, 2, \ldots, N,\ i = 1, 2, \ldots, N)$ の最適解は，以下の手順によって見つけることができる.

初期値：

$$w_{nm}(0) = (適切な任意値) \tag{11.7}$$

$$v_{ni}(0) = (適切な任意値) \tag{11.8}$$

繰返し処理：

for $k = 0, 1, 2, \ldots, K$:

$$w_{nm}(k+1) = w_{nm}(k) - \eta_w(z_n(k) - \hat{z}_n(k))\, f'_{nn}(\mathbf{y}(k))\, x_m(k) \tag{11.9}$$

$$v_{ni}(k+1) = v_{ni}(k) - \eta_v(z_n(k) - \hat{z}_n(k))\, f'_{nn}(\mathbf{y}(k))\, z_i(k-1) \tag{11.10}$$

ここで，学習率 $\eta_w > 0,\quad \eta_v > 0$ である. また，$f'_{nn}(\mathbf{y}(k))$ は活性化関数の偏微分の要素 $\dfrac{\partial f_n(\mathbf{y}(k))}{\partial y_n}$ を表す.

11.4 簡単な RNN のプログラム例

例題 11.2

以下の仕様要求にしたがって，RNN の学習を実現するプログラムを作成しなさい. 活性化関数には $\tanh(x)$ を用いるものとする.

1. 学習用のデータを以下で作成する.
   1) 入力データ x は 2 列として，それぞれ以下のとおり (正弦波) + (ノイズ n_k) を足し合わせて作成する.
   列 1：$\sin(2\pi \cdot 10 t_k) + 0.2 n_k$
   列 2：$\sin(2\pi t_k) + 0.5 n_k$

[*3] この学習アルゴリズムは，図 11.3 に示す簡単な RNN についてのものです. 複数の層にわたってフィードバックすることを想定していません. したがって，層の間にある誤差の逆伝搬に関する記述がありません.

　　2)　列 1 の係数は $a = 1.0, b = 0.5$，列 2 の係数は $a = 0.95, b = 0.3$ と
　　　　する．

　　3)　出力データは 2 列として，各列を以下より算出する．

$$y(k) = ax(k) + by(k - 1)$$

2.　各データについて，以下の処理を繰り返す．

　　1)　出力を計算する．

　　2)　誤差を計算する．

　　3)　学習の状況を評価する RMSE を計算する．

　　4)　繰返し番号，真値，予測値，RMSE を表示する．

　　5)　RMSE が許容値より小さくなった場合に，繰返しを終了する．

　　6)　確率的勾配降下法により，重みを更新する．

3.　繰返し終了後，以下の処理を行う．

　　1)　学習結果の重みを表示する．

　　2)　学習曲線（RMSE–サンプルグラフ）を作成して，PNG 形式でファ
　　　　イルに保存する．

ソースコード 11.2　ch11ex2.py

```python
1   # RNNの確率勾配降下法学習＋学習曲線表示
2   # 入力データ：正弦波+ノイズ
3   # 出力データ：y(k)=ax(k)+by(k-1)
4   # 活性化関数：tanh(x)
5   import numpy as np
6   import matplotlib.pyplot as plt
7   import datetime
8
9   np.set_printoptions(formatter={'float': '{:.6f}'.format})
10
11  # tanh関数の微分
12  def dtanh(x):
13      return 1.0/(np.cosh(x)*np.cosh(x))
14
15  # データの用意
16  def preparedata(kk, nn):
17      time = np.arange(kk)
18      x1 = np.sin(2.0*np.pi*time/100.0*10.0) + 0.2*np.random.rand(kk)
19      x2 = np.sin(2.0*np.pi*time/100.0) + 0.5*np.random.rand(kk)
20      xx = np.vstack([x1, x2]).T
21      a = np.array([1.0, 0.95])
22      b = np.array([0.5, 0.3])
23      yy = np.empty([kk, nn])
```

```python
24        for i in range(nn):
25            yy[0, i] = 0.0
26            for k in range(1, kk):
27                yy[k, i] = a[i]*xx[k, i] + b[i]*yy[k-1, i]
28        yy0max = np.amax(np.abs(yy[:,0]))
29        yy[:,0] =  yy[:,0]/yy0max
30        yy1max = np.amax(np.abs(yy[:,1]))
31        yy[:,1] =  yy[:,1]/yy1max
32        one = np.ones([kk,1])
33        onexx = np.concatenate((one,xx), 1)
34
35        return(onexx, yy)
36
37    # 重みwwの学習
38    def weightwwlearning(wwold, errork, xxk, yyk, etaw):
39        nn, mm = wwold.shape
40        wwnew = np.empty([nn, mm])
41        for n in range(nn):
42            for m in range(mm):
43                wwnew[n, m] = wwold[n, m] + ←
                    etaw*errork[n]*xxk[m]*dtanh(yyk[n])
44
45        return wwnew
46
47    # 重みvvの学習
48    def weightvvlearning(vvold, errork, zzprev, yyk, etav):
49        nn, mm = vvold.shape
50        vvnew = np.empty([nn, mm])
51        for n in range(nn):
52            for m in range(mm):
53                vvnew[n, m] = vvold[n, m] + ←
                    etav*errork[n]*zzprev[m]*dtanh(yyk[n])
54
55        return vvnew
56
57    # 再帰型システム
58    def recurrentsys(ww, xxk, vv, zzprev):
59        y = np.dot(ww,xxk) + np.dot(vv,zzprev)
60
61        return y
62
63    # 誤差評価
64    def checkerrorrate(error, shiftlen, k):
65        ll, nn = error.shape
66        errorshift=np.zeros([shiftlen,nn])
67        if(k>=shiftlen):
```

```
68          errorshift[0:shiftlen,0:nn] = error[k-shiftlen:k, 0:nn]
69      else:
70          errorshift[0:k,0:nn] = error[0:k, 0:nn]
71      sqsumerror = np.empty(nn)
72      for n in range(nn):
73          sqsumerror[n] = np.dot(errorshift[:, n], errorshift[:,n])
74      if(k>=shiftlen):
75          evalerror = np.sqrt(np.sum(sqsumerror)/(shiftlen*nn))
76      else:
77          evalerror = np.sqrt(np.sum(sqsumerror)/((k+1)*nn))
78
79      return evalerror
80
81  # グラフを作成
82  def plotevalerror(evalerror, kk):
83      x = np.arange(0, kk, 1)
84      plt.figure(figsize=(10, 6))
85      plt.plot(x, evalerror[0:kk])
86      plt.title("Root Mean Squared Error", fontsize=20)
87      plt.xlabel("k", fontsize=16)
88      plt.ylabel("RMSE", fontsize=16)
89      plt.savefig("ch11ex2 fig 1.png")
90
91      return
92
93  # メイン関数
94  def main():
95      etaw = 0.4
96      etav = 0.5
97      shiftlen = 100
98      epsilon = 1.0/(float(shiftlen))
99      # データを用意
100     kk = 5000
101     nn = 2
102     xx, zztrue = preparedata(kk, nn)
103     kk, nn = xx.shape
104     print("kk=", kk)
105     print("nn=", nn)
106     ll, mm = zztrue.shape
107     print(" ll =", ll)
108     print("mm=", mm)
109     # 初期値の設定
110     wwold = np.zeros([mm, nn])
111     if(nn<mm):
112         wwold[0:nn, 0:nn] = np.eye(nn)
113     else:
```

```
114        wwold[0:mm, 0:mm] = np.eye(mm)
115     vvold = np.eye(mm)
116     zzold = np.zeros(mm)
117     error = np.zeros([kk, mm])
118     evalerror = np.zeros(kk)
119     # メイン繰返し
120     for k in range(kk):
121         yyk = recurrentsys(wwold, xx[k], vvold, zzold)
122         zzk = np.tanh(yyk)
123         error[k] = zztrue[k]-zzk
124         evalerror[k] = checkerrorrate(error, shiftlen, k)
125         print("k={0:5d}␣␣zz=[{1:9.6f},{2:9.6f}]␣␣←
                RMSE={3:9.6f}".format(k, zzk[0], zzk[1], evalerror[k]))
126         if(k>shiftlen and evalerror[k]<epsilon):
127             break
128         wwnew = weightwwlearning(wwold, error[k], xx[k], yyk, etaw)
129         vvnew = weightvvlearning(vvold, error[k], zzold, yyk, etav)
130         wwold = wwnew
131         vvold = vvnew
132         zzold = zzk
133     # 重みの学習結果を表示
134     print("重みの学習結果:")
135     for m in range(mm):
136         print("ww"+str(m)+"=", wwold[m, :])
137     for m in range(mm):
138         print("vv"+str(m)+"=", vvold[m, :])
139     plotevalerror(evalerror, k)
140
141     return
142
143 # ここから実行
144 if __name__ == "__main__":
145     start_time = datetime.datetime.now()
146     main()
147     end_time = datetime.datetime.now()
148     elapsed_time = end_time - start_time
149     print("経過時間=", elapsed_time)
150     print("すべて完了␣!!! ")
```

💬 **ソースコードの解説**

16~35: 学習用のデータを用意する関数を定義します.

16: 関数の定義文. 関数名を preparedata とつけます. また, 引数として, データサンプル数 kk, 入力ベクトルの次元 nn を指定します.

17: 配列 $[0, 1, \ldots, \mathrm{kk} - 1]$ を作成して, time に代入します.

18: 正弦波データ $\sin(2\pi \cdot 10x_k)$ に 0~0.2 範囲内の乱数を足して, 入力データの配列 x1 に

代入します.

19： 正弦波データ $\sin(2\pi x_k)$ に 0～0.5 範囲内の乱数を足して，入力データの配列 x2 に代入します.

20： 配列 x1 と配列 x2 を結合して，kk 行 nn 列の配列 xx を作成します.

21： 係数 a の配列を用意します.

22： 係数 b の配列を用意します.

23： 出力データの配列 yy を用意します.

24～27： 各列において，$y(k) = ax(k) + by(k-1)$ により，出力データ yy を作成します.

28： yy の 0 列目から絶対値の最大値を取得して，yy0max に代入します.

29： yy の 0 列目を正規化します.

30： yy の 1 列目から絶対値の最大値を取得して，yy1max に代入します.

31： yy の 1 列目を正規化します.

32： 配列 one を生成します. その全要素が 1 になります.

33： 配列 one と配列 xx を横に結合して，配列 onexx を作成します.

35： return 文. 戻り値として，配列 onexx，配列 yy を指定します.

38～45： フィードフォワード重み $\mathbf{W}$ を更新する関数を定義します.

38： 関数の定義文. 関数名を weightwwlearning とつけます. また，引数として，古い重み wwold，誤り errork，入力 xxk，線形結合 yyk，学習率 etaw を指定します.

39： 重み配列 wwold のサイズを取得します.

40： 二重 for 文ブロック. 確率的勾配降下法により，新しい重み wwnew を計算します（式 (11.9) 参照）.

45： return 文. 戻り値として，新しい重み wwnew を指定します.

48～55： フィードバック重み $\mathbf{V}$ を更新する関数を定義します.

48： 関数の定義文. 関数名を weightvvlearning とつけます. また，引数として，古い重み vvold，誤り errork，入力 zzprev，線形結合 yyk，学習率 etav を指定します.

49： 重み配列 vvold のサイズを取得します.

50： 二重 for 文ブロック. 確率的勾配降下法により，新しい重み vvnew を計算します（式 (11.10) 参照）.

55： return 文. 戻り値として，新しい重み vvnew を指定します.

58～61： 再帰型システム関数を定義します.

58： 関数の定義文. 関数名を recurrentsys とつけます. また，引数として，フィードフォワード重み ww，入力 xxk，フィードバック重み vv，フィードバック出力 zzprev を指定します.

59： 式 (11.3) により，再帰型システムの出力を計算します.

61： return 文. 戻り値として，出力 y を指定します.

94～141： メイン関数を定義します. 基本的に例題 10.2 の該当箇所と同じですが，フィードバック重みの更新を行うために追加されたコードの部分だけ，以下のように異なります.

96: フィードバック重みの学習率 etav の値を設定します.

115: フィードバック重み vv の初期値として，単位行列を設定します.

121: 関数 recurrentsys を呼び出し，配列 yyk を計算します.

128: 関数 weightwwlearning を呼び出し，フィードフォワード重み ww の更新を行います.

129: 関数 weightvvlearning を呼び出し，フィードバック重み vv の更新を行います.

131: 新旧交代. vvnew を vvold に代入します.

132: 新旧交代. zzk を zzold に代入します.

137〜138: フィードバック重み vv の学習の結果を表示します.

▶ 実行結果

```
 1  ......
 2   (略)
 3  ......
 4  k= 4990  zz=[-0.288338,-0.272801]  RMSE= 0.045781
 5  k= 4991  zz=[ 0.252834,-0.225835]  RMSE= 0.045840
 6  k= 4992  zz=[ 0.723688,-0.221241]  RMSE= 0.045698
 7  k= 4993  zz=[ 0.822383,-0.169557]  RMSE= 0.045697
 8  k= 4994  zz=[ 0.784290,-0.079024]  RMSE= 0.045536
 9  k= 4995  zz=[ 0.555651,-0.101232]  RMSE= 0.045681
10  k= 4996  zz=[-0.020626, 0.022691]  RMSE= 0.045637
11  k= 4997  zz=[-0.578317, 0.046904]  RMSE= 0.045704
12  k= 4998  zz=[-0.713953, 0.191806]  RMSE= 0.045742
13  k= 4999  zz=[-0.621431, 0.076504]  RMSE= 0.045685
14  重みの学習結果：
15  ww0= [0.028090 0.686549 -0.000811]
16  ww1= [-0.016277 0.023410 0.583272]
17  vv0= [0.612258 0.004333]
18  vv1= [-0.004172 0.327042]
19  経過時間= 0:00:01.120566
20  すべて完了 !!!
```

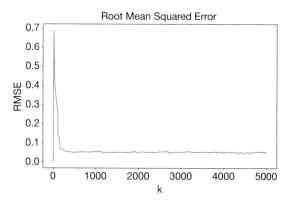

図 11.4 例題 11.2 の RNN における学習曲線（RMSE–サンプルグラフ）

11.5　Keras による RNN の実現

　Keras では，RNN の層のメソッドとして，**SimpleRNN**，**GRU**，**LSTM** が用意されています．以下では，このうちもっとも基本的な SimpleRNN 層について説明します．

　SimpleRNN 層は，出力がすべて入力にフィードバックされる RNN の層のメソッドです．SimpleRNN 層は，単独でも機能する層で，あらかじめ作成したモデルに SimpleRNN 層を追加して，RNN を実現することができます．また，さらに学習性能を高めるために，その後に，全結合層（Dense 層）（164 ページ参照）を入れることもよくあります．

　SimpleRNN() を使用するためには，まず

```
from keras.layers.recurrent import SimpleRNN
```

で読み込んで

```
model.add(SimpleRNN(ユニット数, ...)
```

のように，引数を与えて，モデルに追加します．

　ここで，SimpleRNN() の主な引数について説明します．

- **units**：出力の数．なお，この引数はデフォルト設定がないため，ここで必ず与えなければなりません．
- **activation**：活性化関数．sigmoid, softmax, relu, tanh などから選択できます．デフォルト設定は tanh 関数です．
- **use_bias**：バイアスの入力を加えるかどうかを True(加える)，または False(加えない) で指定します．デフォルト設定は True です．
- **kernel_initializer**：フィードフォワード重みの初期化手法を指定します．デフォルト設定は glorot_uniform です．
- **recurrent_initializer**：フィードバック重みの初期化手法を指定します．デフォルト設定は glorot_uniform です．

　また，重みの初期化手法で指定できるオプションについては，主に以下のようなものがあります．

- **zeros**：すべての要素を 0 に設定します．
- **ones**：すべての要素を 1 に設定します．
- **random_uniform**：一様分布にしたがって乱数を生成して，重みの要素に設定します．

- **random_normal**：正規分布にしたがって乱数を生成して，重みの要素に設定します．
- **glorot_uniform**：Glorot の一様分布にしたがって乱数を生成して，重みの要素に設定します．
- **glorot_normal**：Glorot の正規分布にしたがって乱数を生成して，重みの要素に設定します．

さらに，SimpleRNN() の引数を使用したコーディングの例を以下に示します．

- `SimpleRNN(10)`
  出力の数は 10 とする．
- `SimpleRNN(units=10)`
  出力の数は 10 とする．SimpleRNN(10) と書いたとき同じ．
- `SimpleRNN((units=10, activation='tanh')`
  出力の数は 10，活性化関数は tanh 関数とする．
- `SimpleRNN((units=10, input_shape=(100, 2))`
  出力の数は 10，入力データの形は 100 行 2 列とする．

11.6　Keras による RNN のプログラム例

例題 11.3

Keras の SimpleRNN を用い，以下の仕様要求にしたがって，時系列データからの学習を実現するプロクラムを作成しなさい．

1. 例題 11.2 と同様に関数を定義し，入力 x，出力 y を作成する．
2. 定義した関数を呼び出し，入力を x に，出力を y に代入する．
3. 入力 x を遅れさせて，学習用の入力データ xx を作成する．
4. 出力 y を正規化して，学習用の出力データ yy を作成する．
5. モデル（model）を作成する．
6. model に SimpleRNN 層を追加する．
7. 損失関数を平均 2 乗誤差 mse，学習アルゴリズムを確率的勾配降下法 sgd と設定する．
8. inputdata と outputdata から model を学習し，その過程を history に保存する．
9. model の SimpleRNN 層の重みを取得して，表示する．
10. 学習曲線（Loss–エポックグラフ）を作成して，PNG 形式でファイルに

保存する.

ソースコード 11.3　ch11ex3.py

```python
1   # Kerasによる再帰型ニューラルネットワークの学習
2   # ＋ 学習曲線表示
3   # 入力データ：2列の正弦波 ＋ ランダムノイズ
4   # 出力データ：各列y(k)=ax(k)+by(k-1)
5   # 活性化関数：tanh(x)
6   import numpy as np
7   import matplotlib.pyplot as plt
8   from keras.models import Sequential
9   from keras.layers.recurrent import SimpleRNN
10
11  # 関数：データの用意
12  def preparedata(kk, nn):
13      time = np.arange(kk)
14      x1 = np.sin(2.0*np.pi*time/100.0*10.0) + 0.2*np.random.rand(kk)
15      x2 = np.sin(2.0*np.pi*time/100.0) + 0.5*np.random.rand(kk)
16      xx = np.vstack([x1, x2]).T
17      a = np.array([1.0, 0.95])
18      b = np.array([0.5, 0.3])
19      yy = np.empty([kk, nn])
20      yy[0] = np.dot(a, xx[0])
21      for k in range(1, kk):
22          yy[k] = np.dot(a, xx[k]) + np.dot(b, yy[k-1])
23      yy0max =np.amax(np.abs(yy[:,0]))
24      yy[:,0] =  yy[:,0]/yy0max
25      yy1max = np.amax(np.abs(yy[:,1]))
26      yy[:,1] =  yy[:,1]/yy1max
27
28      return(xx, yy)
29
30  # データを用意
31  kk = 2000
32  nn = 2
33  shift = 100
34  x, y = preparedata(kk, nn)
35  xx = np.empty([kk-shift, shift, nn])
36  yy = np.empty([kk-shift, nn])
37  for k in range(0, kk-shift):
38      xx[k, :, :] = x[k:k+shift, :]
39      yy[k, :] = y[k+shift, :]
40  print("x shape =", xx.shape)
41  print("y shape =", yy.shape)
42
```

```
43  # モデルを構築
44  model = Sequential()
45  model.add(SimpleRNN(nn, input_shape=(shift, nn), activation='tanh'))
46  model.compile(loss='mse', optimizer='sgd')
47  model.summary()
48
49  # モデルの学習
50  history = model.fit(xx, yy, batch_size=10, epochs=50)
51
52  # 学習曲線を作成
53  plt.figure(figsize=(10, 6))
54  plt.plot(history.epoch, history.history[" loss "])
55  plt.title("Learning␣Curve", fontsize=20)
56  plt.xlabel("Epoch", fontsize=16)
57  plt.ylabel("Loss", fontsize=16)
58  plt.savefig("ch11ex3 fig 1.png")
```

💬 ソースコードの解説

12〜28: 学習用データを用意する関数を定義します.

12: 関数の定義文. 関数名を preparedata とします. また, 引数として, データサンプル数 kk, 入力ベクトルの次元 nn を指定します.

13: 配列 $[0, 1, \ldots, \text{kk} - 1]$ を作成して, time に代入します.

14: 正弦波データ $\sin(2\pi \cdot 10 t_k)$ に 0〜0.2 範囲内の乱数を足して, 入力データの配列 x1 に代入します.

15: 正弦波データ $\sin(2\pi t_k)$ に 0〜0.5 範囲内の乱数を足して, 入力データの配列 x2 に代入します.

16: 配列 x1 と配列 x2 を結合して, kk 行 nn 列の配列 xx を作成します.

17: 係数 a の配列を用意します.

18: 係数 b の配列を用意します.

19: 出力データの配列 yy を用意します.

20〜22: 各列について, $y(k) = ax(k) + by(k-1)$ により, 出力データ yy を作成します.

23: yy の 0 列目から絶対値の最大値を取得して, yy0max に代入します.

24: yy の 0 列目を正規化します.

25: yy の 1 列目から絶対値の最大値を取得して, yy1max に代入します.

26: yy の 1 列目を正規化します.

28: return 文. 戻り値として, 配列 xx, 配列 yy を指定します.

31: データ数 kk を設定します.

32: 列数 nn を設定します.

33: データのシフト範囲 shift を設定します.

34:　関数 preparedata() を呼び出し，データ配列 x, y を作成します．

35～41:　学習用のデータの形に，配列の形をつくり直します．

35:　kk–shift 層，shift 行，nn 列の配列 xx を用意します．

36:　kk–shift 層，nn 行の配列 yy を用意します．

37～39:　for 文ブロック．配列 x から配列 xx に，配列 y から配列 yy にデータを移します．

37:　for 文．作業変数 k は，リスト $[0, 1, \ldots, kk - shift - 1]$ から順次，取り出します．

38:　配列 x の k 行目から k + shift − 1 行目までの要素を，配列 xx の k 層目に代入します．

39:　配列 y の k + shift 番目の要素を，配列 yy の k 行目に代入します．

40:　配列 xx の形を表示します．

41:　配列 yy の形を表示します．

44:　Sequential 型のモデル（model）を用意します．

45:　model に SimpleRNN 層を追加します．追加した SimpleRNN 層の出力数を 1，入力データの形を shift 行 nn 列，活性化関数を tanh 関数とします．また，フィードフォワード重みとフィードバック重みの初期化には，ともに一様乱数を用います．

46:　損失関数を平均 2 乗誤差 mse に設定します．また，学習アルゴリズムを確率的勾配降下法 sgd に設定します．

47:　構築した model のサマリを表示します．

50:　用意したデータセット xx, yy を用いて model の学習を行い，学習の過程を history に代入します．バッチサイズ batch_size は 10 に，エポック数 epochs は 50 に設定します．

▶ 実行結果

```
1   ......
2   (略)
3   ......
4   Epoch 42/50
5   190/190 [==============================] - 1s 5ms/step - loss: 0.0065
6   Epoch 43/50
7   190/190 [==============================] - 1s 5ms/step - loss: 0.0065
8   Epoch 44/50
9   190/190 [==============================] - 1s 5ms/step - loss: 0.0065
10  Epoch 45/50
11  190/190 [==============================] - 1s 5ms/step - loss: 0.0065
12  Epoch 46/50
13  190/190 [==============================] - 1s 5ms/step - loss: 0.0065
14  Epoch 47/50
15  190/190 [==============================] - 1s 5ms/step - loss: 0.0065
16  Epoch 48/50
17  190/190 [==============================] - 1s 5ms/step - loss: 0.0065
18  Epoch 49/50
19  190/190 [==============================] - 1s 5ms/step - loss: 0.0065
20  Epoch 50/50
21  190/190 [==============================] - 1s 5ms/step - loss: 0.0065
```

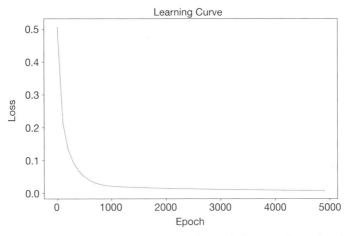

図 11.5 例題 11.3 の Keras による RNN の学習曲線（Loss−エポックグラフ）

演 習 問 題

問題 11.1 例題 11.3 のプログラムをもとに，以下の仕様変更を実現するプログラムを作成しなさい.

> フィードフォワード重みとフィードバック重みの初期化方法を，zeros，ones，random_uniform と random_normal のそれぞれに設定する.

また，それぞれの学習曲線（Loss−エポックグラフ）を作成して，比較しなさい.

問題 11.2 例題 11.3 のプログラムをもとに，以下の仕様変更を実現するプログラムを作成しなさい.

> SimpleRNN 層の次に Dense 層を追加する.
>
> 1. SimpleRNN の出力数を 10 とする.
> 2. Dense 層の出力数を nn とする.

また，学習曲線 (Loss-エポックグラフ) を作成して，全結合層 (Dense 層) の追加によって学習が改善されたことを確認しなさい.

第 **12** 章

ディープラーニングで画像認識を行おう

　これまで，ディープラーニングを実現するための要素を 1 つひとつ説明してきました．最後に，これらを組み合わせて，ディープラーニングを実現します．すなわち，1 次元 CNN を 2 次元 CNN に発展させて，2 次元 CNN 使って画像認識を行うディープラーニングネットワークを実現します．

　本章の前半では，まず，2 次元畳み込み演算を定義し，その意味や役割について説明します．次に，2 次元 CNN を構成し，確率的勾配降下法による学習アルゴリズムを示します．

　本章の後半では，Keras の 2 次元畳み込みメソッドについて解説します．そのうえで，Keras の各種メソッドを用いて，画像認識の応用問題を解くプログラムを実現します．

12.1　2 次元畳み込み

　第 10 章で説明した 1 次元畳み込み演算を 2 次元に拡張します．これには，式 (10.1) の関数の変数を 1 つから 2 つに拡張して，それに合わせて，総和演算の記号 $\sum$ も 1 つから 2 つに拡張します．一般的な 2 次元畳み込みの定義を以下に示します．

ポイント 12.1　　**2 次元畳み込み演算**

　2 次元データ $x(k_1, k_2)$ $(k_1, k_2 = \ldots, -1, 0, 1, \ldots), y(k_1, k_2)$ $(k_1, k_2 = \ldots, -1, 0, 1, \ldots)$ に対して，以下の式で定義される演算を x と y の**畳み込み演算**という．

$$
\begin{aligned}
z(k_1, k_2) &= \sum_{m_1=-\infty}^{\infty} \sum_{m_2=-\infty}^{\infty} x(m_1, m_2) y(k_1 + m_1, k_2 + m_2) \\
&= \sum_{m_1=-\infty}^{\infty} \sum_{m_2=-\infty}^{\infty} y(m_1, m_2) x(k_1 + m_1, k_2 + m_2)
\end{aligned}
\tag{12.1}
$$

---

1 次元の場合は, 変数は時刻を表すものと考えて, 移動量 m をマイナスしました. 対して, 2 次元の畳み込み演算では, 変数は時刻を表すものではなく, データ番号を表すものです. そのため, 一般的に 2 次元の変数を $k_1 + m_1$ および $k_2 + m_2$ のように指定して, 移動量 m_1 と m_2 をプラスします.

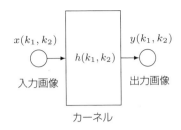

図 12.1 画像処理システムの ブロック図

2 次元の畳み込み演算がもっともよく使われる分野は画像処理です. ここでは, **図 12.1** のブロック図で表される画像処理を行うシステムを考えてみましょう.

画像は画素を組み合わせた行列で表すことができます. したがって, 入力画像上に縦 (行) と横 (列) に番号を振って, 行と列の組合せで入力画像上の各画素の濃さを数値で表せば, 入力画像の行列表現ができ上がります. もちろん, 出力画像についても, 同じように行列表現ができます.

また, 時系列処理システムでは, インパルス応答を用いて, システム自体の特性を表しましたが, 画像処理システムでは, インパルス応答を 2 次元に拡張して利用します. これを**カーネル**と呼びます. つまり, カーネルは画像処理システム自体の特性を表す行列です.

これにより, 入力画像とカーネルの畳み込み演算で, 出力画像を次のように表すことができます.

ポイント 12.2　**画像処理システムの入出力関係式**

カーネル $h(m_1, m_2)$ $(m_1 = -M_1, \ldots, 0, \ldots, M_1,\ m_2 = -M_2, \ldots, 0, \ldots, M_2)$ をもつ画像処理システムに, 入力画像 $x(k_1, k_2)$ $(k_1, k_2 = 0, 1, 2, \ldots)$ を入力すると, その出力画像 $y(k_1, k_2)$ $(k_1, k_2 = 0, 1, 2, \ldots)$ は, 以下の畳み込み演算によって計算できる.

$$y(k_1, k_2) = \sum_{m_1=-M_1}^{M_1} \sum_{m_2=-M_2}^{M_2} h(m_1, m_2) x(k_1 + m_1, k_2 + m_2) \tag{12.2}$$

式 (12.2) について, 具体的な例を用いてもう少し詳しく説明します.

まず, カーネルの変数についてみてみましょう. 仮に 3 行 3 列のカーネルを用いることとします. この場合, 行変数 m_1 と列変数 m_2 ともに $-1, 0, 1$ のいずれかをと

表12.1　2 次元畳み込み演算におけるカーネルの
変数の変化のすべての組合せ

(m_1, m_2)	$m_2 = -1$	$m_2 = 0$	$m_2 = 1$
$m_1 = -1$	$(-1, -1)$	$(-1, 0)$	$(-1, 1)$
$m_1 = 0$	$(0, -1)$	$(0, 0)$	$(0, 1)$
$m_1 = 1$	$(1, -1)$	$(1, 0)$	$(1, 1)$

表12.2　入力画像の行列における (k_1, k_2) を中心とする m_1 と m_2 の
すべての組合せ

	$(k_1 + m_1, k_2 + m_2)$		$m_2 = -1$	k_2 $m_2 = 0$	$m_2 = 1$	
		$\vdots$	$\vdots$	$\vdots$	$\vdots$	$\vdots$
	$m_1 = -1$	$\cdots$	$(k_1 - 1, k_2 - 1)$	$(k_1 - 1, k_2)$	$(k_1 - 1, k_2 + 1)$	$\cdots$
k_1	$m_1 = 0$	$\cdots$	$(k_1, k_2 - 1)$	(k_1, k_2)	$(k_1, k_2 + 1)$	$\cdots$
	$m_1 = 1$	$\cdots$	$(k_1 + 1, k_2 - 1)$	$(k_1 + 1, k_2)$	$(k_1 + 1, k_2 + 1)$	$\cdots$
		$\vdots$	$\vdots$	$\vdots$	$\vdots$	$\vdots$

　ります. 式 (12.2) において, カーネル $h(m_1, m_2)$ の変数では, m_1 と m_2 をそのまま
使っていますので, 変数の変化の組合せは**表 12.1** のようになります.

　この表において, 見やすいように, 中心セル $(0, 0)$ を二重線で囲み, 周辺セルを太
い線で囲み, 区別してあります.

　一方, 式 (12.2) では, 入力画像を, $x(k_1 + m_1, k_2 + m_2)$ と表しています. ここで
また $m_1 = -1, 0, 1$, $m_2 = -1, 0, 1$ とすれば, k_1 と k_2 と m_1 と m_2 のすべての組合
せは**表 12.2** のとおりになります. k_1 と k_2 と m_1 と m_2 の組合せで表されている部
分は, カーネルと同じサイズです.

　こちらも, 見やすいように, 中心セル (k_1, k_2) を二重線で囲み, 周辺セルを太い線
で囲み, 区別してあります.

　つまり, 式 (12.2) は, カーネルと入力画像の行列の積の和を, $m_1 = -M_1, \dots,$
$0, \dots, M_1$, $m_2 = -M_2, \dots, 0, \dots, M_2$ に対して求めているわけです. これによって,
カーネルは表 12.1, 入力画像の行列は表 12.2 の太い線で囲まれた領域に区分けされ
て, その対応要素の積をとってから足し合わされて, 出力 $y(k_1, k_2)$ が求められてい
るわけです.

　また, **パディング** (padding)[*1]について説明します. パディングとは, データが
欠損しているところに値を入れて補修することです. ここでは, 入力画像の左上の

[*1]　もとの英語の意味は, 「詰める」, あるいは「欠損したところを補修する」です.

表 12.3　2次元畳み込み演算において，入力画像の行列（左上の角）をゼロで
パディングした様子

	(k_1+m_1, k_2+m_2)	$m_2 = -1$	$k_2 = 0$ $m_2 = 0$	$m_2 = 1$	
	$m_1 = -1$	0を入れる	0を入れる	0を入れる	$\cdots$
$k_1 = 0$	$m_1 = 0$	0を入れる	$(0,0)$	$(0,1)$	$\cdots$
	$m_1 = 1$	0を入れる	$(1,0)$	$(1,1)$	$\cdots$
		$\vdots$	$\vdots$	$\vdots$	$\vdots$

角 $(k_1 = 0, k_2 = 0)$ を例として考えます．このとき，$m_1 = -1$ または $m_2 = -1$ の
場合について，$(k_1 + m_1, k_2 + m_2)$ の要素がないので，式 (12.2) の計算ができず，
エラーになります．この対策として，中心とする要素が入力画像の端にあるときは，
表 12.3 のように計算に必要な分だけ周辺要素に 0 を追加する，あるいはもとの入力
画像の端の要素と同じ値を追加するなどの処理を行います．

表 12.3 では，入力画像の行列の左上の角（入力画像の行列の変数 (k_1, k_2)=(0,0)）
の場合において，0 でパディングした様子を示しています．

以下では，2次元畳み込み演算のプログラム例を示して，その実行結果をみながら，
カーネルについてさらに理解を深めていきます．

例題 12.1

以下の仕様要求を実現するプログラムを作成しなさい．

カーネルと入力画像との畳み込み演算を行い，その動作を確認する．

1.　カーネルは以下とする．
$$K_x = \begin{pmatrix} 11 & 12 & 13 \\ 21 & 22 & 23 \\ 31 & 32 & 33 \end{pmatrix}$$

2.　入力画像の行列は以下とする．
$$\mathrm{imgin} = \begin{pmatrix} 11 & 12 & 13 & 14 \\ 21 & 22 & 23 & 24 \\ 31 & 32 & 33 & 34 \\ 41 & 42 & 43 & 44 \\ 51 & 52 & 53 & 54 \end{pmatrix}$$

なお，計算結果を確認しやすいように，カーネル，入力画像の行列ともに，各要素の値において，1 桁目は行番号，2 桁目は列番号としてある．

ソースコード 12.1　ch12ex1.py

```python
# 2次元畳み込み演算の例：入力行列の対象範囲の確認
import numpy as np

# カーネル
kx = np.array([[11, 12, 13],
               [21, 22, 23],
               [31, 32, 33],
               ])
# 入力画像
imgin = np.array([[11, 12, 13, 14],
                  [21, 22, 23, 24],
                  [31, 32, 33, 34],
                  [41, 42, 43, 44],
                  [51, 52, 53, 54],
                  ])
h = kx.flatten()
nn = h.shape[0]
# 2次元畳み込み演算により出力画像を計算
kk1, kk2 = imgin.shape
kk = kk1*kk2
mm1, mm2 = kx.shape
# mm1，mm2は奇数
m1max = int((mm1-1)/2)
m2max = int((mm2-1)/2)
xx = np.zeros([kk1+mm1,kk2+mm2,mm1,mm2])
for m1 in range(mm1):
    for m2 in range(mm2):
        xx[m1:kk1+m1,m2:kk2+m2,m1,m2]=imgin[0:kk1, 0:kk2]
        print("m1=",m1, "m2=",m2, "  ...............  ")
        print(xx[:,:,m1,m2])
xxx = np.zeros([kk,nn])
for k1 in range(kk1):
    for k2 in range(kk2):
        imgwin = np.flip(xx[k1+m1max,k2+m2max,:,:])
        print("k1=",k1, "k2=", k2, "imgin␣>>>")
        print(imgwin)
        k = k1*kk2 + k2
        xxx[k] = imgwin.flatten()
y = np.dot(h, xxx.T)
y = np.where(y<0, 0, y)
# ベクトルから画像に戻す．
```

```
42  imgout = y.reshape([kk1,kk2])
43  # 処理結果を表示
44  print("カーネル配列：")
45  print(kx)
46  print("処理前の配列：")
47  print(imgin)
48  print("処理後の配列：")
49  print(imgout)
50  print("処理完了")
```

💬 ソースコードの解説

5～8: カーネルを用意します.

10～15: 処理の対象となる入力画像の行列を用意します.

16～36: 2 次元畳み込みを計算します.

16: カーネル配列を 1 次元に変換して, h に代入します.

17: 配列 h の要素数を nn に代入します.

19: imgin の形を取得して, kk1 と kk2 に代入します.

20: kk1 と kk2 の積を kk に代入します.

21: kx の行数と列数を取得して, mm1 と mm2 に代入します.

23: m1max を算出します. m1max は式 (12.2) の M_1 にあたります.

24: m2max を算出します. m2max は式 (12.2) の M_2 にあたります.

25: 4 次元配列 xx を作成します. そのすべての要素を 0 とします.

26～30: 二重 for 文ブロック. 入力画像を m1 と m2 にシフトして, 4 次元配列の xx に保存します.

26: 外側の for 文. 作業変数 m1 は, リスト $[0, 1, 2, \ldots, mm1 - 1]$ から順次取り出します.

27: 内側の for 文. 作業変数 m2 は, リスと $[0, 1, 2, \ldots, mm2 - 1]$ から順次取り出します.

28: imgin を xx の $m1 : kk1 + m1,\ m2 : kk2 + m2, m1, m2$ に代入します（すべての要素を 0 に初期化したので, 代入しない場所は 0 になります）.

29: m1 と m2 を表示します.

30: m1, m2 における xx の値を表示します.

31: 2 次元配列 xxx を作成します. そのすべての要素を 0 とします.

32～38: 二重 for 文. 4 次元配列の xx から畳み込み演算用の領域を取り出して, 1 次元に変換します.

32: 外側の for 文. 作業変数 k1 は, リスト $[0, 1, 2, \ldots, kk1 - 1]$ から順次取り出します.

33: 内側の for 文. 作業変数 k2 は, リスト $[0, 1, 2, \ldots, kk2 - 1]$ から順次取り出します.

34: xx から $k1 + m1max, k2 + m2max$ の部分を取り出して, 行方向, 列方向ともに反転してから, imgwin に代入します. この imgwin が, カーネルと積をとる行列になります.

35～36: 動作確認のために, k1, k2, および畳み込み演算対象となる画像領域 imgwin を

表示します.

37:　xxx 用の添字 k に k1 ∗ kk2 + k2 を代入します.

38:　imgwin を 1 次元に変換してから xxx[k] に代入します.

39:　np.dot 関数を利用して,これまでに用意した h と xxx から,1 次元の出力画像 y を計算します.

40:　y の中にある負(マイナス)の要素を 0 に書きかえます(この処理は,後述の ReLU 関数に対応しています).

42:　1 次元配列 y を 2 次元配列に直してから出力画像 imgout に代入します.

44〜50:　入力画像の配列と出力画像の配列の値を表示します.

▶ **実行結果**

```
 1  ......
 2   (略)
 3  ......
 4  k1= 3 k2= 3 imgin >>>
 5  [[33. 34.  0.]
 6   [43. 44.  0.]
 7   [53. 54.  0.]]
 8  k1= 4 k2= 0 imgin >>>
 9  [[ 0. 41. 42.]
10   [ 0. 51. 52.]
11   [ 0.  0.  0.]]
12  k1= 4 k2= 1 imgin >>>
13  [[41. 42. 43.]
14   [51. 52. 53.]
15   [ 0.  0.  0.]]
16  k1= 4 k2= 2 imgin >>>
17  [[42. 43. 44.]
18   [52. 53. 54.]
19   [ 0.  0.  0.]]
20  k1= 4 k2= 3 imgin >>>
21  [[43. 44.  0.]
22   [53. 54.  0.]
23   [ 0.  0.  0.]]
24  カーネル配列:
25  [[11 12 13]
26   [21 22 23]
27   [31 32 33]]
28  処理前の配列:
29  [[11 12 13 14]
30   [21 22 23 24]
31   [31 32 33 34]
32   [41 42 43 44]
33   [51 52 53 54]]
34  処理後の配列:
35  [[1916. 2908. 3070. 2062.]
36   [3304. 4962. 5160. 3433.]
37   [4654. 6942. 7140. 4723.]
38   [6004. 8922. 9120. 6013.]
```

```
39   [3356. 4948. 5050. 3302.]]
40   処理完了
```

この実行結果では, 配列 imgin は, 行, 列を k1, k2 の値に合わせてシフトしたカーネルと同じサイズの入力画像の部分行列に対応しています. また, 入力画像の行列の端の要素より外（右と下）側に, パディングで 0 が入れてあります.

例題 12.2

以下の仕様要求を実現するプログラムを作成しなさい.

入力画像とカーネルの畳み込みにより, 出力画像を求める.

1. 入力画像には, scipy の misc.face（アライグマの顔の写真）を使用する.
2. カーネルには, 以下のソーベルフィルタ（横方向）を用いる.

$$K_x = \begin{pmatrix} -1 & 0 & 1 \\ -2 & 0 & 2 \\ -1 & 0 & 1 \end{pmatrix}$$

3. 入力画像と出力画像を表示する.

ソースコード 12.2　ch12ex2.py

```python
1    # 2次元畳み込み演算の例: 動作確認
2    # ベクトルに変換してからnp.dotを使う計算法
3    import numpy as np
4    from scipy import misc
5    import matplotlib.pyplot as plt
6    # カーネル（ソーベルフィルタ）
7    kx = np.array([[-1, 0, 1],
8                   [-2, 0, 2],
9                   [-1, 0, 1],
10                  ])
11   # 入力画像を読み込む.
12   imgin = misc.face(gray=True).astype(np.float32)
13   # 2次元畳み込み演算により出力画像を計算
14   h = kx.flatten()
15   nn = h.shape[0]
16   # 2次元畳み込み演算により出力画像を計算
17   kk1, kk2 = imgin.shape
18   kk = kk1*kk2
19   mm1, mm2 = kx.shape
20   # mm1, mm2は奇数
```

```
21   m1max = int((mm1-1)/2)
22   m2max = int((mm2-1)/2)
23   xx = np.zeros([kk1+mm1, kk2+mm2, mm1, mm2])
24   for m1 in range(mm1):
25       for m2 in range(mm2):
26           xx[m1:kk1+m1, m2:kk2+m2, m1, m2] = imgin[0:kk1, 0:kk2]
27   xxx = np.zeros([kk,nn])
28   for k1 in range(kk1):
29       for k2 in range(kk2):
30           xxflip = np.flip(xx[k1+m1max, k2+m2max, :, :])
31           k = k1*kk2 + k2
32           xxx[k] = xxflip.flatten()
33   y = np.dot(h, xxx.T)
34   y = np.where(y<0, 0, y)
35   # ベクトルから画像に戻す.
36   imgout = y.reshape([kk1, kk2])
37   # 画像を表示
38   plt.figure(figsize=(14, 6))
39   plt.subplot(121)
40   plt.gray()
41   plt.imshow(imgin)
42   plt.title(" Original ␣Image")
43   plt.subplot(122)
44   plt.gray()
45   plt.imshow(imgout)
46   plt.title(" Processed␣Image")
47   plt.savefig("ch12ex2 fig 1.png")
```

💬 ソースコードの解説

7〜10:   カーネルを用意します.

12:   処理の対象となる入力画像の行列を用意します.

13〜34:   2 次元畳み込みを計算します.（例題 12.1 参照).

38〜42:   入力画像を fig1 として作成し，それをファイルに保存します.

38:   fig1 を作成します.

39:   1 行 2 列の配置で，1 枚目の図を作成します.

40:   グレースケールで表示します.

41:   入力画像を作成します.

42:   図に表題をつけます.

43:   1 行 2 列の配置で，2 枚目の図を作成します.

44:   グレースケールで表示します.

45:   入力画像を作成します.

46:   図に表題をつけます.

47:　これまでに作成したグラフをファイルに保存します.

▶ 実行結果

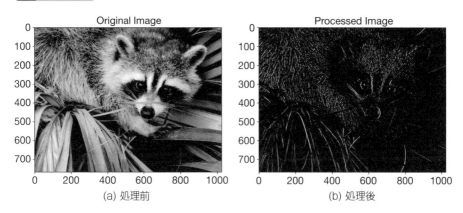

図 12.2　例題 12.2 の 2 次元畳み込みの実行例

ソーベルフィルタにより，**図 12.2**(a) の画像の輪郭が同 (b) のとおり，抽出できていることがわかります.

12.2　活性化関数（その 5）：ReLU 関数

画像認識を行う際の入力画像のデータは，明るさや色にそれぞれ非負整数値（0 または正の整数）が割り当てられた画素の組合せです. 例えば，色は 0（黒）から 65535（白）までの中から対応する非負整数値によって各画素で表されます. つまり，もとの入力画像のデータには負の値がありません. 出力も同様に非負整数値となります. したがって，もし，畳み込み演算で出力に負の値がまぎれ込んでいるとすれば，それは画像のデータとして使えなくなります.

このため，出力画像のデータの整合性をとるため，例題 12.2 で説明したプログラムでは畳み込みの後に，すべての負の値を 0 に差しかえています.

このような後処理を行うかわりに，活性化関数に x が負のときに 0，そうでなければ x のままになるようなものを選べば，ひと手間減ります.

以下で定義される関数を **ReLU 関数**（Rectified Linear Unit functron）[*2] といいます.

[*2]　もとの英語を意訳すると，「整流された線形ユニット関数」になります. これは，電子回路の半波整流回路で，正弦波の負の部分を 0 値にする回路素子に由来します.

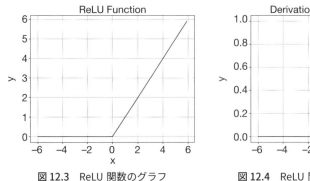

図 12.3　ReLU 関数のグラフ　　　図 12.4　ReLU 関数の微分のグラフ

$$\mathrm{ReLU}(x) = \begin{cases} 0 & (x < 0) \\ x & (x \geq 0) \end{cases} \tag{12.3}$$

ReLU 関数のグラフを図 12.3 に示します.

ReLU 関数では，入力 x が負のとき，出力 y が 0 になります．一方，入力 x が 0 または正のとき，出力 y は x に等しくなります．また，確率的勾配降下法を用いるときには活性化関数の微分が必要になりますので，ReLU 関数の微分を求めます[*3].

$$\mathrm{ReLU}'(x) = \begin{cases} 0 & (x < 0) \\ 1 & (x \geq 0) \end{cases} \tag{12.4}$$

式 (12.4) のグラフを図 12.4 に示します.

12.3　画像処理の 2 次元 CNN のプログラム例

2 次元の畳み込みと活性化関数が用意できましたので，2 次元 CNN を使った簡単な画像処理を行うディープラーニングネットワークのプログラムをつくってみましょう.

先の例題 12.2（231 ページ）では，2 次元の畳み込みで，カーネルとの積をとる入力画像の一部が，1 次元のベクトルに変換されました．これが，2 次元 CNN において重要な役割を果たします.

どういうことかというと，例えば，カーネルを 3 行 3 列としてみます．このとき，カーネルと入力画像の一部の畳み込みは

[*3]　$x = 0$ では ReLU 関数の微分は定義できませんが，便宜上，$x = 0$ について ReLU 関数の微分の値を 1 とすることがよくあります．本書もそのようにしています.

$$
\begin{aligned}
y(k_1, k_2) = {} & h(-1,-1)\, x(k_1 - 1, k_2 - 1) + h(-1,0)\, x(k_1 - 1, k_2) \\
& + h(-1,1)\, x(k_1 - 1, k_2 + 1) + h(0,-1)\, x(k_1, k_2 - 1) \\
& + h(0,0)\, x(k_1, k_2) + h(0,1)\, x(k_1, k_2 + 1) \\
& + h(1,-1)\, x(k_1 + 1, k_2 - 1) + h(1,0)\, x(k_1 + 1, k_2) \\
& + h(1,1)\, x(k_1 + 1, k_2 + 1)
\end{aligned}
\tag{12.5}
$$

と表されますが，これは，線形結合器の計算式（式 (3.1)）と同様の形をしています．
式 (3.1) を以下に再掲します．

$$
y = w_1 x_1 + w_2 x_2 + w_3 x_3 + \cdots + w_M x_M
\tag{3.1}
$$

　つまり，カーネルと入力画像の一部の畳み込みは線形結合器を用いて表すことができるというわけです．したがって，カーネルとの積をとる入力画像の一部がきちんとベクトルの形式で用意されていさえすれば，線形結合器を用いて 2 次元 CNN を構成できることになります[*4].

例題 12.3

以下の仕様要求にしたがって，2 次元 CNN の学習を実現するプログラムを作成しなさい．ただし，活性化関数は ReLU 関数を用いるものとする．

1. 学習用のデータは以下のように作成する．
   1) 入力画像には，scipy の misc.face（アライグマの顔の写真）を使用する．
   2) カーネルには以下のソーベルフィルタ（x 方向）を用いる．

$$
K_x = \begin{pmatrix} -1 & 0 & 1 \\ -2 & 0 & 2 \\ -1 & 0 & 1 \end{pmatrix}
$$

   3) 入力画像 face とカーネル kx の畳み込みを用いて，出力画像を算出する．
2. 各データについて，以下の処理を繰り返す．
   1) 出力を計算する．
   2) 誤差を計算する．
   3) 学習の状況を評価する RMSE を計算する．

[*4] 実際，例題 12.2 では，カーネルとの積をとる入力画像の一部は，すべて配列 xxx に行ベクトルとして保存されています．

　　　4)　繰返し番号，真値，予測値，RMSE を表示する.
　　　5)　RMSE が許容値より小さくなった場合，繰返しを終了する.
　　　6)　確率的勾配降下法により，重みを更新する.
　　3.　繰返し終了後，以下の処理を行う.
　　　1)　学習結果の重みを表示する.
　　　2)　学習曲線（RMSE–サンプルグラフ）を作成して，PNG 形式でファ
　　　　　イルに保存する.

ソースコード 12.3　ch12ex3.py

```
1   # 2次元畳み込みニューラルネットワークの学習
2   # ＋学習曲線表示
3   # 入力画像：face
4   # 出力画像：ソーベルフィルタによる輪郭抽出したface
5   # 活性化関数：ReLU
6   import numpy as np
7   from scipy import misc
8   import matplotlib.pyplot as plt
9   import datetime
10
11  # ReLU関数
12  def relu(x):
13      return np.where(x<0, 0, x)
14
15  # ReLU関数の微分
16  def drelu(x):
17      return np.where(x<0, 0, 1)
18
19  # データの用意
20  def preparedata():
21      # カーネル（ソーベルフィルタ）
22      kx = np.array([[-1, 0, 1],
23              [-2, 0, 2],
24              [-1, 0, 1],
25              ])
26      # 入力画像を読み込む.
27      imgin = misc.face(gray=True).astype(np.float32)
28      # 2次元畳み込み演算により出力画像を計算
29      print("kx=")
30      print(kx)
31      h = kx.flatten()
32      nn = h.shape[0]
33      # 2次元畳み込み演算により出力画像を計算
34      kk1, kk2 = imgin.shape
```

```
35      kk = kk1*kk2
36      mm1, mm2 = kx.shape
37      # mm1，mm2は奇数
38      m1max = int((mm1-1)/2)
39      m2max = int((mm2-1)/2)
40      xx = np.zeros([kk1+mm1, kk2+mm2, mm1, mm2])
41      for m1 in range(mm1):
42          for m2 in range(mm2):
43              xx[m1:kk1+m1, m2:kk2+m2, m1, m2] = imgin[0:kk1, 0:kk2]
44      xxx = np.zeros([kk, nn])
45      for k1 in range(kk1):
46          for k2 in range(kk2):
47              xxflip = np.flip(xx[k1+m1max, k2+m2max, :, :])
48              k = k1*kk2 + k2
49              xxx[k] = xxflip.flatten()
50      y = np.dot(h, xxx.T)
51      y = np.where(y<0, 0, y)
52      xxxmax = np.max(np.abs(xxx))
53      xxx = xxx/xxxmax
54      ymax = np.max(np.abs(y))
55      y = y/ymax
56      xxxwith1 = np.ones([kk, nn+1])
57      xxxwith1[:, 1:nn+1] = xxx[:, 0:nn]
58
59      return(xxxwith1, y)
60
61  # 重みの学習
62  def weightlearning(wwold, errork, xxk, yyk, eta):
63      wwnew = wwold + eta*errork*xxk*drelu(yyk)
64
65      return wwnew
66
67  # 線形結合器
68  def linearcombiner(ww, xxk):
69      y = np.dot(ww, xxk)
70
71      return y
72
73  # 誤差の評価
74  def evaluateerror(error, shiftlen, k):
75      if(k>shiftlen):
76          errorshift = error[k+1-shiftlen:k]
77      else:
78          errorshift = error[0:k]
79      evalerror = np.sqrt(np.dot(errorshift, ←
        errorshift)/len(errorshift))
```

```
80
81       return evalerror
82
83    # グラフを作成
84    def plotevalerror(evalerror, kk):
85       x = np.arange(0, kk, 1)
86       plt.figure(figsize=(10, 6))
87       plt.plot(x, evalerror[0:kk])
88       plt.title("Root␣Mean␣Squared␣Error", fontsize=20)
89       plt.xlabel("k", fontsize=16)
90       plt.ylabel("RMSE", fontsize=16)
91       plt.savefig("ch12ex3 fig 1.png")
92
93       return
94
95    # メイン関数
96    def main():
97       eta = 0.01
98       shiftlen = 100
99       epsilon = 1/shiftlen
100      # データを用意
101      xx, zztrue = preparedata()
102      kk, mm = xx.shape
103      print("kk=", kk)
104      print("mm=", mm)
105      # 繰返し：学習過程
106      wwold = np.zeros(mm)
107      error = np.zeros(kk)
108      evalerror = np.zeros(kk)
109      for k in range(kk):
110          yyk = linearcombiner(wwold, xx[k])
111          zzk = relu(yyk)
112          error[k] = zztrue[k] - zzk
113          evalerror[k] = evaluateerror(error, shiftlen, k)
114          print("k={0}␣␣zztrue={1:10.6f}␣␣zz={2:10.6f}␣␣←
               evalerror ={3:10.8f}".format(k,zztrue[k],zzk,evalerror[k]))
115          if(k>shiftlen and evalerror[k]<epsilon):
116              break
117          wwnew = weightlearning(wwold, error[k], xx[k], yyk, eta)
118          wwold = wwnew
119      # 重みの学習結果を表示
120      print("重みの学習結果:")
121      for m in range(mm):
122          print("w{0}={1:.8f}".format(m, wwold[m]))
123      plotevalerror(evalerror, k)
124
```

```
125       return
126
127  # ここから実行
128  if __name__ == "__main__":
129      start_time = datetime.datetime.now()
130      main()
131      end_time = datetime.datetime.now()
132      elapsed_time = end_time - start_time
133      print("経過時間=", elapsed_time)
134      print("すべて完了 !!! ")
```

💬 ソースコードの解説

このプログラムは，例題 4.1（73 ページ）の単純パーセプトロンによる学習のプログラムをもとにしています．ただし，データを用意する部分は，例題 12.2（231 ページ）をもとにしています．

また，活性化関数に関連する部分では，例題 4.1 のプログラムにあるシグモイド関数を ReLU 関数に置き換えています．

したがって，以下では，変更箇所のみについて解説します．

12〜13:　ReLU 関数を計算します．

16〜17:　ReLU 関数の微分を計算します．

20〜59:　学習用のデータを用意する関数を定義します．

22〜51:　出力画像とそれに対応する入力画像のベクトルを作成します（例題 12.1 のプログラムと同じ）．

52〜55:　入力画像データと出力画像データの正規化を行います．

62〜65:　ReLU 関数の微分 drelu を利用して，重みの更新を計算します．

▶ 実行結果

```
 1  ......
 2   （略）
 3  ......
 4  k=817   zztrue=  0.000000   zz=  0.007999   evalerror=0.01314125
 5  k=818   zztrue=  0.000000   zz=  0.007897   evalerror=0.01309574
 6  k=819   zztrue=  0.006936   zz=  0.008076   evalerror=0.01305722
 7  k=820   zztrue=  0.013873   zz=  0.008287   evalerror=0.01298606
 8  k=821   zztrue=  0.017341   zz=  0.008478   evalerror=0.01204269
 9  k=822   zztrue=  0.019653   zz=  0.008677   evalerror=0.01039442
10  k=823   zztrue=  0.016185   zz=  0.008738   evalerror=0.01040976
11  k=824   zztrue=  0.013873   zz=  0.008798   evalerror=0.01035407
12  k=825   zztrue=  0.018497   zz=  0.009035   evalerror=0.01029120
13  k=826   zztrue=  0.013873   zz=  0.009019   evalerror=0.01023677
14  k=827   zztrue=  0.008092   zz=  0.008899   evalerror=0.01014593
15  k=828   zztrue=  0.008092   zz=  0.008931   evalerror=0.01012143
```

```
16  k=829  zztrue=  0.009249  zz=  0.008956  evalerror=0.01002528
17  k=830  zztrue=  0.010405  zz=  0.008958  evalerror=0.00999531
18  重みの学習結果：
19  w0=0.00834021
20  w1=0.00000000
21  w2=0.00000000
22  w3=0.00000000
23  w4=-0.01333117
24  w5=0.00344768
25  w6=0.01819324
26  w7=-0.01487089
27  w8=-0.00316197
28  w9=0.01045977
29  経過時間= 0:00:02.337601
30  すべて完了 !!!
```

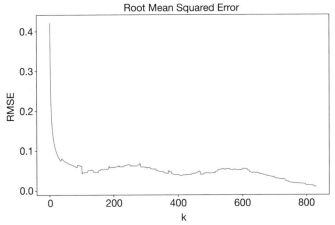

図 12.5　例題 12.3 の 2 次元 CNN の学習曲線（RMSE–サンプルグラフ）

12.4　Keras による 2 次元 CNN の実現

　Keras では，2 次元の畳み込みを構築メソッドとして，**Conv2D()** が用意されています．また，学習の性能向上のために，畳み込み層の次に，プーリング層と呼ばれる層を入れることがよくあります．このためのメソッドとして，**MaxPooling2D()** が用意されています．ここでは，この 2 つのメソッドについて説明します．

12.4.1　Conv2D()

　Conv2D() は，2 次元畳み込み層を構築するメソッドです．Conv2D() を使用するためには，まず

```
from keras.layers import Conv2D()
```

で読み込んで

```
model.add(Conv2D(フィルタ数, カーネルサイズ, ...))
```

のように，引数を与えて，モデルに追加します.

Conv2D() の主な引数の意味を以下にまとめます.

- **filters**：出力フィルタの数. ここで，フィルタリングは 2 次元畳み込み演算で実現されますので，利用するカーネルの数と等しくなります. なお，この引数はデフォルト設定がないため，ここで必ず与えなければなりません.
- **kernel_size**：カーネルサイズ. 2 次元の場合，カーネルサイズとして，行数と列数の両方を与えます. なお，この引数はデフォルト設定がないため，ここで必ず与えなければなりません.

ほかに，activation, strides, padding, use_bias などの引数がありますが，いずれも第 10 章の Conv1D() のところで説明済みなので，ここでは省略します.

さらに，Conv2D() の引数を使用したコーディングの例を以下に示す.

- `conv2D(32, (3,3))`
  出力フィルタの数は 10, カーネルサイズは 3 行 3 列とする.
- `conv2D(filters=32, kernel_size=(3,3))`
  出力フィルタの数は 10, カーネルサイズは 3 行 3 列とする. conv2D(32, (3,3)) と書いたときと同じです.
- `conv2D(filters=32, kernel_size=(3,3), activation='relu')`
  出力フィルタの数は 10, カーネルサイズは 3 行 3 列, 活性化関数は ReLU 関数とする.
- `conv2D((filters=32, kernel_size=(3,3), input_shape=(150,150,3))`
  出力フィルタの数は 10, カーネルサイズは 3 行 3 列, 入力データの形は縦 150 ピクセル，横 150 ピクセルの 3 組（一般的には，R（赤）,G（緑）, B（青）の組）とする.

12.4.2　MaxPooling2D()

MaxPooling2D() は，畳み込み層の出力配列データから，指定された分割範囲内で，最大値を取得します. MaxPooling2D() を使用するためには，まず

```
from keras.layers import MaxPooling2D
```

で読み込んで

```
model.add(MaxPooling2D(pool_size=(2,2), strides=1))
```

のように，引数を与えて，モデルに追加します．

MaxPooling() の主な引数の意味を以下に示します．

- **pool_size**：プーリングの適用対象となる領域のサイズを指定します．
- **strides**：対象領域のシフト幅．整数または None が指定できます．None の場合は，pool_size と同じだけシフトします．デフォルト設定は None です．

さらに，MaxPooling() の引数を使用したコーディングの例を次に示します．

- `MaxPooling2D(pool_size=(2,2))`
  対象領域は 2×2 とする．
- `MaxPooling2D(pool_size=(2,2), strides=1)`
  対象領域は 2×2 で，シフト幅は 1 とする．

12.4.3　Flatten()

高次元の入力データの配列を平坦化（1 次元のデータ配列に変換）して出力したいときには **Flatten()** を使用します．これは

```
from keras.layers import Flatten
```

で読み込んで

```
model.add(Flatten())
```

のようにモデルに追加します．

12.4.4　Dropout()

Dropout() を使用すると，入力データから，指定された割合の要素をランダムに選んで，欠落（その要素の値を 0 にする）させます．これは過学習[*5]防止のために使われます．これは

```
from keras.layers import Dropout
```

[*5]　偏りのある学習データや不完全な学習データによって学習をしすぎると，未学習のデータに対して適切な出力が出せなくなります．これを**過学習**（over-fitting）といいます．

で読み込んで

```
model.add(Dropout())
```

のように，引数を与えて，モデルに追加します.

Dropout() の主な引数の意味を以下に示します.

- **rate**：欠落率．欠落させる配列の要素の割合を指定します. なお，この引数はデフォルト設定がないため，ここで必ず与えなければなりません.
- **noise_shape**：欠落させる要素の単位となる形を指定します. デフォルト設定は None です. その場合は，noise_shape=(batch_size,1,features) と同じになります.
- **seed**：乱数を生成するときに使われるシード[*6]を与えます. デフォルト設定は None です.

さらに，MaxPooling() の引数を使用したコーディングの例を以下に示します.

- Dropout(0.5)
  欠落率を 50% とする.

12.5　Keras による 2 次元 CNN のプログラム例

例題 12.4

Keras の 2 次元畳み込み層を用いて，以下の仕様要求にしたがって，手書き数字データセット **MNIST**[*7]から学習を実現するプログラムを作成しなさい.

1. 手書き数字データセット MNIST を取得する.
2. MNIST のデータから，学習用の入力データ xtrain と出力データ ytrain1hot を作成する.
3. モデル（model）を作成する.
4. model に Con2D 層を追加する.
5. model に MaxPooling2D 層を追加する.
6. model に Con2D 層を追加する.

[*6] 擬似乱数生成器の初期状態を設定するために使われる数値のことです.

[*7] 手書き数字の訓練用画像 60000 枚とテスト用画像 10000 枚を集めた，scikit-learn の digits データセットより規模の大きいデータセットです. 詳しい説明は以下の Wikipedia の記事を参照してください.
https://ja.wikipedia.org/wiki/MNIST データベース　　（2022 年 5 月確認）

7. model に MaxPooling2D 層を追加する.

8. model に Faltten 層を追加する.

9. model に Dropout 層を追加する.

10. model に Dense 層を追加する.

11. 損失関数を平均 2 乗誤差 mse, 学習アルゴリズムを確率的勾配降下法 sgd と設定する.

12. xtrain と ytrain1hot から model を学習して, その過程を history に保存する.

13. 学習曲線（Loss–エポックグラフ）を作成して, PNG 形式でファイルに保存する.

ソースコード 12.4　ch12ex4.py

```
 1 # Kerasによる2次元畳み込みニューラルネットワークの学習
 2 # ＋ 学習曲線表示
 3 # データ：MNIST(手書き数字の識別)
 4 import numpy as np
 5 import matplotlib.pyplot as plt
 6 from keras.datasets import mnist
 7 from keras.models import Sequential
 8 from keras.layers import Conv2D, MaxPooling2D, Flatten, Dense, Dropout
 9 from keras.utils import to_categorical
10 # データを用意
11 (xtrain, ytrain), (xtest, ytest) = mnist.load_data()
12 xtrainorgshape = xtrain.shape
13 xtestorgshape = xtest.shape
14 print("shape of original xtrain =",xtrain.shape)
15 print("shape of original xtest =",xtest.shape)
16 xtrain = xtrain/np.max(xtrain)
17 xtrain = xtrain.reshape((xtrainorgshape[0], xtrainorgshape[1], ←
   xtrainorgshape[2], 1))
18 xtest = xtest/np.max(xtest)
19 xtest = xtest.reshape((xtestorgshape[0], xtestorgshape[1], ←
   xtestorgshape[2], 1))
20 print("shape of xtrain =",xtrain.shape)
21 print("shape of xtest =",xtest.shape)
22 nnlabel = 10
23 ytrain1hot = to_categorical(ytrain, nnlabel)
24 ytest1hot = to_categorical(ytest, nnlabel)
25 # モデルを構築
26 model = Sequential()
27 model.add(Conv2D(32, kernel_size=(3, 3←
   ),input_shape=(xtrainorgshape[1], xtrainorgshape[2], 1), ←
```

```
28  model.add(MaxPooling2D(pool_size=(2, 2)))
                                                activation=" relu "))
29  model.add(Conv2D(64, kernel_size=(3, 3), activation=" relu "))
30  model.add(MaxPooling2D(pool_size=(2, 2)))
31  model.add(Flatten())
32  model.add(Dropout(0.5))
33  model.add(Dense(nnlabel, activation="softmax"))
34  #model.compile(loss='mean_squared_error', optimizer='sgd', ↩
        metrics=['accuracy'])
35  model.compile(loss=' categorical_crossentropy ', optimizer='adam', ↩
        metrics=['accuracy'])
36  model.summary()
37  # モデルの学習
38  history = model.fit(x=xtrain, y=ytrain1hot, epochs=50, verbose=1)
39  # 学習曲線を作成
40  plt.figure(figsize=(10, 6))
41  plt.plot(history.epoch, history.history[" loss "])
42  plt.title("Learning␣Curve", fontsize=20)
43  plt.xlabel("Epoch")
44  plt.ylabel("Loss", fontsize=16)
45  plt.savefig("ch12ex4 fig 1.png")
46
47  plt.figure(figsize=(10, 6))
48  plt.plot(history.epoch, history.history["accuracy"])
49  plt.title("Learning␣Curve", fontsize=20)
50  plt.xlabel("Epoch")
51  plt.ylabel("Accuracy", fontsize=16)
52  plt.savefig("ch12ex4 fig 2.png")
```

💬 **ソースコードの解説**

11~24: 学習のための入力データと出力データを用意します.

11: データ mnist を読み込んで,訓練用データ (xtrain, ytrain) とテスト用データ (xtest, ytest) に代入します.

12: xtrain のサイズを取得して,xtrainorgshape に代入します.

13: xtest のサイズを取得して,xtestorgshape に代入します.

14: xtrainorgshape を表示します.

15: xtestorgshape を表示します.

16: xtrain を正規化します.

17: xtrain を学習用に必要な配列の形に変換します.

18: xtest を正規化します.

19: xtest を学習用に必要な配列の形に変換します.

20: xtrain の形を表示します.

21:　xtest の形を表示します.

22:　ラベル数を代入します. この例題では, 0 〜 9 の数字を認識しますので, ラベル数は 10 になります.

23:　ytrain を one-hot ベクトルに変換します.

24:　ytest を one-hot ベクトルに変換します.

26:　Sequential 型のモデル（model）を用意します.

27:　model に 2 次元畳み込み層 Conv2D を追加します. フィルタ数は 32, カーネルサイズは (3, 3), 入力データの形は (横画素数, 縦画素数, 1), 活性化関数は ReLU 関数とします.

28:　model に MaxPooling2D 層を追加します. プーリングの領域は 2×2 とします.

29:　model に 2 次元畳み込み層 Conv2D を追加します. フィルタ数は 64, カーネルサイズは (3, 3), 入力データの形は (横画素数, 縦画素数, 1), 活性化関数は ReLU 関数とします.

30:　model に MaxPooling2D 層を追加します. プーリングの領域は 2×2 とします.

31:　model に Flatten 層を追加します.

32:　model に Dropout 層を追加します.

33:　model に Dense 層を追加します. 出力数は nnlabel, 活性化関数は softmax とします.

34〜36:　3 種類の学習アルゴリズムのうち, 1 つだけ選んで#を外してください.

34:　損失関数を平均 2 乗誤差 mse に設定します. また, 学習アルゴリズムを確率的勾配降下法 sgd に設定します.

35:　損失関数を交差エントロピー categorical_crossentropy に設定します. また, 学習アルゴリズムを adam に設定します.

36:　構築したモデルのサマリを表示します.

38:　用意したデータセット xtrain, ytrain1hot を用いて, モデルの学習を行い, 学習の過程を history に代入します. ここで, エポック数 epochs を 50, ログ出力の詳細程度 verbose を 1 に設定します.

▶ **実行結果**

```
 1  shape of original xtrain = (60000, 28, 28)
 2  shape of original xtest = (10000, 28, 28)
 3  shape of xtrain = (60000, 28, 28, 1)
 4  shape of xtest = (10000, 28, 28, 1)
 5  ......
 6  (略)
 7  ......
 8  Epoch 1/50
 9  1875/1875 [==============================] - 10s 5ms/step - loss: 0.2082 - ←
       accuracy: 0.9370
10  Epoch 2/50
11  1875/1875 [==============================] - 10s 5ms/step - loss: 0.0811 - ←
```

```
          accuracy: 0.9758
12 | Epoch 3/50
13 | 1875/1875 [==============================] - 10s 5ms/step - loss: 0.0640 - ←
          accuracy: 0.9804
14 | Epoch 4/50
15 | 1875/1875 [==============================] - 10s 5ms/step - loss: 0.0537 - ←
          accuracy: 0.9832
16 | Epoch 5/50
17 | 1875/1875 [==============================] - 10s 5ms/step - loss: 0.0483 - ←
          accuracy: 0.9847
18 | ......
19 | (略)
20 | ......
21 | Epoch 45/50
22 | 1875/1875 [==============================] - 11s 6ms/step - loss: 0.0142 - ←
          accuracy: 0.9951
23 | Epoch 46/50
24 | 1875/1875 [==============================] - 11s 6ms/step - loss: 0.0146 - ←
          accuracy: 0.9949
25 | Epoch 47/50
26 | 1875/1875 [==============================] - 11s 6ms/step - loss: 0.0153 - ←
          accuracy: 0.9951
27 | Epoch 48/50
28 | 1875/1875 [==============================] - 11s 6ms/step - loss: 0.0142 - ←
          accuracy: 0.9954
29 | Epoch 49/50
30 | 1875/1875 [==============================] - 11s 6ms/step - loss: 0.0129 - ←
          accuracy: 0.9959
31 | Epoch 50/50
32 | 1875/1875 [==============================] - 11s 6ms/step - loss: 0.0143 - ←
          accuracy: 0.9952
```

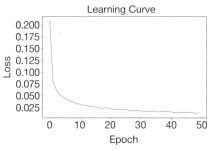

図 12.6　例題 12.4 の Keras による
2 次元 CNN の学習曲線
（Loss–エポックグラフ）

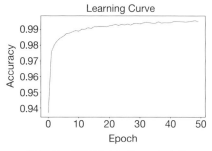

図 12.7　例題 12.4 の Keras による
2 次元 CNN の学習曲線
（Accuracy–エポックグラフ）

演 習 問 題

問題 12.1 例題 12.2（231 ページ）のプログラムをもとに，以下のような仕様変更を実現するプログラムを作成しなさい．

> カーネルを以下の平滑化フィルタとする．
> $$K = \begin{pmatrix} \frac{1}{9} & \frac{1}{9} & \frac{1}{9} \\ \frac{1}{9} & \frac{1}{9} & \frac{1}{9} \\ \frac{1}{9} & \frac{1}{9} & \frac{1}{9} \end{pmatrix}$$

問題 12.2 例題 12.3（235 ページ）と問題 12.1 のプログラムをもとに，以下のような仕様変更を実現するプログラムを作成しなさい．

> 学習データを作成するときに使用したソーベルフィルタを，平滑化フィルタに置き換える．必要に応じて学習率 eta を調整すること．

問題 12.3 例題 12.4（243 ページ）のプログラムをもとに，以下のような仕様変更を実現するプログラムを作成しなさい．

> モデルの学習結果を ch12ex4model.hdf5 に保存する（例題 9.1 を適宜，参考にすること）．

問題 12.4 例題 12.4 のプログラムをもとに，以下のような仕様要求を実現するプログラムを作成しなさい．

1. 保存済みのモデルを読み込んで，テストデータに対して，学習の評価を行う（例題 9.2（174 ページ）を適宜，参考にすること）．
2. 得られた評価結果から，正解率，適合率，再現率，F 値を算出して，その結果を表示する（例題 9.3（175 ページ）を適宜，参考にすること）．

索　引

〈著者略歴〉

藤 野　巖（ふじの　いわお）

博士（工学）
東海大学 情報通信学部 情報通信学科 教授
1991 年　　東海大学大学院 工学研究科 博士課程 修了
1994 年〜　東海大学 短期大学部 電気通信工学科 講師，准教授，教授
2008 年　　東海大学 情報通信学部 通信ネットワーク工学科 教授
2022 年より現職
2004 年　　イギリス・サウサンプトン大学 客員教授
2016 年　　フランス海軍アカデミー 招聘研究員

入門 ディープラーニング
－NumPyとKerasを使ったAIプログラミング－

2022 年 6 月 22 日　　第 1 版第 1 刷発行

著　　者　藤野　巖
発 行 者　村 上 和 夫
発 行 所　株式会社 オーム社
　　　　　郵便番号　101-8460
　　　　　東京都千代田区神田錦町 3-1
　　　　　電話　03(3233)0641(代表)
　　　　　URL https://www.ohmsha.co.jp/

© 藤野　巖 2022

組版 Green Cherry　　印刷 中央印刷　　製本 協栄製本
ISBN978-4-274-22881-0　Printed in Japan

本書の感想募集 https://www.ohmsha.co.jp/kansou/

本書をお読みになった感想を上記サイトまでお寄せください．
お寄せいただいた方には，抽選でプレゼントを差し上げます．